LOCUS

LOCUS

LOCUS

LOCUS

touch

對於變化，我們需要的不是觀察。而是接觸。

然而，與教科書上所描述的景象截然有別，
在資本主義的現實裡，重要的並非（價格）競爭，
而是來自新商品、新科技、供應貨源、新組織型態的競爭……
這競爭……不只影響……現存公司的邊緣，
而且擊中它們的根基和生命本身。

引自奧地利經濟學家
熊彼得（Joseph A. Schumpeter, 1883-1950）著，
《資本主義、社會主義及民主》
（*Capitalism, Socialism and Democracy*, 1942）

Only the Paranoid Survive

How to Exploit the Crisis Points That Challenge Every Company

10倍速時代

全新增訂版

唯偏執狂得以倖存

英特爾傳奇CEO
安迪・葛洛夫的經營哲學

Andrew S. Grove

安迪・葛洛夫 著　王平原、羅耀宗 譯

touch 01

10 倍速時代（二版）暢銷全球 20 年・全新增訂版：
唯偏執狂得以倖存　英特爾傳奇 CEO 安迪・葛洛夫的經營哲學

Only the Paranoid Survive:
How to Exploit the Crisis Points That Challenge Every Company

作者：安迪・葛洛夫 Andrew S. Grove
譯者：王平原、羅耀宗
責任編輯：吳瑞淑
封面設計／三人制創
校對：呂佳真
出版者：大塊文化出版股份有限公司
台北市105022南京東路四段25號11樓
www.locuspublishing.com
電子信箱：locus@locuspublishing.com
讀者服務專線：0800-006689
TEL：(02) 87123898　　FAX：(02) 87123897
郵撥帳號：18955675　　戶名：大塊文化出版股份有限公司
法律顧問：董安丹律師、顧慕堯律師

總經銷：大和書報圖書股份有限公司
地址：新北市新莊區五工五路2號
TEL：(02) 89902588 (代表號)　　FAX：(02) 22901658
初版一刷：1996年10月
二版一刷：2017年8月
二版四刷：2023年3月

定價：新台幣350元
Printed in Taiwan

目錄

編輯筆記

重新閱讀《10倍速時代》的理由

郝明義

有些事情，會隨時間過去而遺忘，有些則不會。

一九九六年五月，我去參加美國書展（BEA），購買《10倍速時代》版權的情景，正是其一。

那時已近夏天，陽光白亮。我的同事廖立文身著白襯衫，他捧在手裡的書稿也泛著白光。

當時的英文書名還不叫 Only the Paranoid Survive，叫 X Generation 或 X Factors 之類。但不論叫什麼，我們知道是英特爾總裁安迪．葛洛夫的著作之後，沒多做什麼考慮就決定買下了。書展上有關商業的書籍，不知凡幾，但是英特爾總裁開口講話，不論分量或觀點，當然完全不同。

後來，英文書名改了，直譯就是「唯偏執狂得以倖存」。我們從這個書名出發，試著改了好幾個方向，都覺得不容易為讀者接受。最後我想到打破原文書名的框架，就取了《10倍速時代》的書名。這本書成為大塊創業奠基的四本書之一，「10倍速時代」這句話也成為長時間的流行語。

時間過去二十年之後，我們決定再出版《10倍速時代》的全新增訂版。和一九九六年的版本比起來，多了最後一章。

本來，想出增訂版是紀念性質較大。但是在出版過程裡重讀這本書，格外感受到其歷久彌新的震撼性力量。

雖然書中提到的一些事件都已經過去，雖然我們置身的環境已經從半導體－PC－軟體－Internet而移轉為社群－行動－大數據－AI，但是葛洛夫透過那些事件想要傳達的訊息和理念，卻仍然在書頁之間閃動著光芒。

不論企業或個人，如何在自己的生涯裡預測、面對「策略轉折點」；如何走入再走出「死亡之谷」；如何「唯偏執狂得以倖存」，在二〇一七年的此刻讀來，更格外感到深刻與實用。

成為《10倍速時代》的出版者，十分榮幸。也在此再次推薦給大家。

推薦序

十倍速戰將葛洛夫，打造狼性英特爾

顏長川（中華電信資深顧問）

在IT科技界與賈伯斯齊名且個人命運有很多雷同的葛洛夫在二〇一六年往生，享壽八十歲，令人有「浪花淘盡英雄」的感覺；他在英特爾（Intel）公司擔任CEO期間（一九八七年至一九九八年），把營收從十九億美元拉高至二百六十三億美元，獲利從二・五億美元成長到六十一億美元，可說是「功業彪炳」。

葛洛夫曾被《時代》（*Time*）雜誌選為一九九七年的年度風雲人物，英特爾公司也是全球公認最頂尖的晶片公司。雖然如此，葛洛夫還是被扣上「最嚴厲的老闆」的帽子，而英特爾被酸為「最無情的公司」。顯然，這是一個值得深思熟慮，好好探討的個案。

葛洛夫是出生於匈牙利的猶太人，二十出頭就移民美國，三十出頭就和積體電路（ＩＣ）發明人羅伯特．諾伊斯（Robert Noyce）與知名化學家高登．摩爾（Gordon Moore）共同創立英特爾公司（Intel，即 Integrated Electronics 的縮寫）。諾伊斯曾殷殷告誡所有主管：「不要被過去的成功歷史所牽絆，大膽出走，做一些美妙的事（Do not be encumbered by history. Go off and do something wonderful.）。」

摩爾則提出鼎鼎有名的摩爾定律：「積體電路上可容納的電晶體數目，每隔十八個月增加一倍。」葛洛夫則強力主張放棄ＤＲＡＭ市場，全力發展微處理器。

葛洛夫於一九八七年從摩爾手中接過ＣＥＯ的棒子後，用狼性文化逼員工拿出一二五％的工作效率，讓企業保持著極強的執行力與競爭力。他用「Intel Inside」讓一個電腦零組件品牌成為全球消費者朗朗上口的口號，也處理過晶片瑕疵危機；葛洛夫一九九八年被診斷罹患攝護腺癌，將ＣＥＯ一職也交給了貝瑞特（Craig Barrett）去面對網路世界；二〇〇〇年被診斷出罹患帕金森氏症後正式退出江湖，不再過問世事。

葛洛夫將他經營英特爾公司的心血寫成《10倍速時代》於一九九六年出版；他認為一個混亂與變化以十倍速進行的時代，機會和威脅都不斷湧現，行動準則與節奏也大不同，無論企業或個人都必須掌握這個節奏，否則就會沒頂。任何人面對「策略轉折點」，必須預測變局，創造轉機；也就是說企業經營者與受薪階級，都要有一套全面性的策略性思維模式。

葛洛夫在書中再三強調：「唯偏執狂得以倖存」（Only the Paranoid Survive）；意思是說：「隨時隨地都對所有狀況很警覺的人，只有這種人才能在十倍速變化的現代商戰中存活下來。」葛洛夫主張一家企業的高階主管必須以身作則，帶動員工的強烈意志及熱情，並使用參與式的管理方式、上下無障礙的雙向溝通、就事論事的建設性對抗，才能讓企業安然走出死亡之谷。各級主管須每日三省吾身：主要競爭對手換人了嗎？主要協力業者要改變了嗎？周遭的人看起來是否有點走樣？

「十倍速」談的是「速度感」的問題，如果運用到現在，出現「秒殺」或「光速」？但看各行各業的特性，所謂「唯快不破」就是這個道理；「轉折點」則可用「靈敏度」來解釋，比如「誰動了我的奶酪？」「冰山正在融化！」「世界是平的！」等都是很好的實例。

「偏執狂」可用「終身學習」替代，知識管理做得好，則隨時隨地都能對所有狀況有所警覺、且能勇敢面對「策略轉折點」並做出正確的決策。

（本文原刊於二〇一七年一月六日《經濟日報》A17〈經營管理〉專欄）

初版中文版序

王克捷（美商國際數據股份有限公司總經理）

開始接觸安迪・葛洛夫的經營理念與管理哲學，始於他在一九八三年底出版的《高產出管理》（*High Output Management*, Random House），算算已然十三年了。

在該書中，葛洛夫以其出身工程師所獨具的慧眼，具體界定各階層管理人員原本抽象、難以評核的「產出」，認為這是可以透過許多間接指標來清楚衡量的。他堅信，「產出」這個基本的製造觀念應用在管理工作上，足以提高管理績效；而高績效的產出是來自密切的團隊合作，與有效的激勵。在葛洛夫的論述中，最具啟示的是他明白指出，「中階管理人員」是最重要的一群，包括在最高階與第一線主管之間的管理者，以及具備專業素養與技能的知識工作者。他強調，「中階管理人員」是每個大規模機構的肌肉和骨骼，他們比任何人都更有能力提高產出，及迅速達成產出，然而這群人，在企管學院的課程裡和現實企業社會中，卻泰半被忽視。

葛洛夫一生並未接受過任何正式的企管教育，該書所闡述的原則與做法，完全來自他在英特爾過去十五年實際演練發展出來的心得，沒有教條式的理論，沒有艱澀的心理學或技術，但是處處發人深省，令人折服。這其實是葛洛夫後來寫作論述的一貫態度與魅力所在。管理大師彼得．杜拉克（Peter Drucker）讀過後評論道：「《高產出管理》是一位受科學洗禮的人所蒸餾出的實際經驗，價值非凡。在書中，『精確的實際觀察』與『觀念的概括化』兩者，取得了絕佳的平衡。」

一九八三年的英特爾已是年營業額十億美元的國際性半導體企業，當時在記憶體晶片市場占有絕對優勢。企業的成功使時任總裁的葛洛夫成為美國最受矚目的傑出經營者之一，因而這本書一上市即造成轟動，成為以十一種文字迅速流傳全球企業界的暢銷書，葛洛夫更自此被公認為真正於實務經驗中脫穎而出的偉大管理導師（雖然不久英特爾即遭到日本半導體產業的強勁競爭，其領導地位被動搖，不得不改弦易轍，朝微處理器發展。但這次策略的成功，使英特爾時至今日更發展成年收入高達一百七十億美元，市場占有率高達百分之八十七，全球最大的ＣＰＵ製造商。本書對其策略轉變的陣痛過程有深刻描述）。

葛洛夫著作等身，除一九八七年又出版《人人都是管理者》（*One-on-One with Andy Grove*, G.P. Putnam's Sons）一書外，多年來文章散見於《財星》雜誌、《華爾街日報》、《紐約時報》、《職業婦女雜誌》（*Working Woman Magazine*），和其他知名報刊，論述範圍遍及科技發展、趨勢分析、經營管理，及社會人文等等。他也長期執教於史丹佛大學企管研究所，以實際的觀察與營運經驗，講述「資訊產業之策略與戰術」課程。

在此特別值得一提的，是發表於今年（一九九六）五月十三日《財星》的一篇文章。這篇題為〈Taking on Prostate Cancer〉的封面故事，是由葛洛夫現身說法，敘述他在九四年秋，發現自己罹患可能會擴散的攝護腺癌後所採取的種種行動，及其間攙雜著恐懼挫折起伏的心路歷程。內容十分生動，過程轉折亦具張力，如同電影情節，當看到最後的結局是圓滿康復時，不由自主地讓人為之高興。然而這篇故事如果從決策思考邏輯的層面觀之，葛洛夫面對這個噩耗的態度，和往後採取的行動，實則饒富每一位經營管理者學習的意義。同時，這篇文章也可以讓接觸葛洛夫思想的讀者，更進一步了解安迪．葛洛夫這個人。

葛洛夫在被告知有腫瘤之後，並未因情緒上的恐慌而放棄判斷上應有的理性基礎。他發覺病情的真貌與該採行的治療方法十分曖昧不明，於是開始以自力的方式蒐集資料：或從網際網路上的論壇找尋醫學研究報導，和已罹患者之病例追蹤；或從書店、圖書館購閱各種相關的論著與分析；或遍訪領域中有名的醫生，進行多方的檢驗和諮詢。在確定腫瘤的狀態及未來可能的後遺症後，葛洛夫將蒐集到的資料分析成三種可能的治療行動：一、「直接割除手術」；醫師們咸認最有效，成功率最高的療法，但後遺症卻可能很嚴重。二、「放射線治療」；資料顯示療效應不錯，但似乎未期病患使用較多，成功率不彰，值得再加以研究。三、「冷凍治療法」；證明有效的資料有限，且後遺症不亞於直接割除手術，風險太高。顯然地，他必須針對前兩種行動做深入的分析。

葛洛夫進一步蒐集實證及統計資料，交叉比較兩者療效與再度復發擴散的可能性，同時深入了解另一技術——「植入性放射線治療」併行的可能。冷靜分析的結果，在一九九五年七月，他告訴醫生，他決定同時接受賀爾蒙、高劑量放射性粒子植入，及外部放射線照射治療。這一刻，離他初次被告知有異狀的時間，已近十個月了。

從這一段相對冗長的敘述，我是想讓讀者了解，葛洛夫這麼一位在過去二十年，甚至很有可能在未來另一個二十年，都將主導英特爾這個影響全球科技發展的企業之傑出經營者，即使自身生命受到威脅時，亦能堅持其在企業實務運作上的理念與自信，確實身體力行。他所信守的系統化邏輯思考程序（定義問題→找出問題的關鍵→建立解決問題的各種可能方案→根據實際資源做可行性分析→評估各個方案的利弊得失→選擇最適方案→立刻付諸實踐），在任何困境中，他都不會放棄，只因他確信非如此不足以創造更好的結果。在這段敘述裡，我們也可得到另一個啟示：信任專業可以使我們減少許多摸索，但不要忽略他們可能也有「成功的慣性」，畏懼改變的風險，他們會本能地依賴經驗、偏好或專長，漠視某些其實真正對解決問題有價值的建議。

從《高產出管理》到〈我患了攝護腺癌〉，葛洛夫的經管理念與管理哲學是一以貫之的。這一套根深柢固的思想體系，成為他面對各種橫亙於眼前的障礙時，行動決策的唯一信仰基礎。《10倍速時代》是葛洛夫最新的著作，相對於過去功能面、技術面的探討，呈現的是更寬廣的視野，更深遠的格局，以及更全面的策略性思維模式。但從字裡行間，我們仍能清楚地看到他一貫的堅持與執著。

《10倍速時代》全書環繞著一個主題：這個世界正處於遊戲規則不斷改變的環境，傳統與習慣不斷被新的變化衝擊與顛覆，一旦它的力量超過既有資源所能控制的範圍，葛洛夫稱之為「十倍速變化」（10X Change），不論企業或個人，都將陷入無可依恃的惶恐與迷失。葛洛夫列舉許多實例指出，企業很可能因之頹敗，個人事業也可能從此不振。在這個時候，企業或個人必須在經營策略上做出根本性的調整，才有可能轉危為安，甚至攀向事業的新高點。這個關鍵的時間點，葛洛夫即稱之為「策略轉折點」。然則如何預見「策略轉折點」的出現？如何在未經探索的領域中找出一條生路？葛洛夫以其自身的實戰心得，及二十多年對產業的觀察，提出了一個完整的思考架構，系統化地協助我們研判周遭的情勢。

本書原名為「唯偏執狂得以倖存」，其實暗喻每個管理人員都應該是個「偏執狂」。偏執於「凡是可能的，都將成為事實」的規則；偏執於「越是成功的時候，越是危機四伏」的恐懼；偏執於「對現實清楚地掌握，才是制勝的基礎」的政策；以及偏執於「中階管理人員是組織最重要的資產，是掌握變革最大的動力」的信念。如是，方足以敏於變化，捷於調整，制挑戰於機先。

為了更有系統、有條理地說明如何預見「策略轉折點」的來臨，葛洛夫在這本書裡補強了被譽為「策略大師」的邁可．波特（Michael Porter）的「決定企業競爭力的五大力量」之說。他認為大多數的「策略轉折點」，源自六大因素發生巨幅轉變，它們分別是競爭的力量、科技的力量、客戶的力量、供應商的力量、協力業者的力量，及營運規範的力量。葛洛夫除了以英特爾本身為例，更生動地列舉電腦產業及其他我們所熟悉的鮮活實例，分門別類探討轉折點發生的前兆，以及影響成敗的關鍵因素。葛洛夫的解析，不只使我們自許多過往的事例中學到不同的思考邏輯，其實更蘊含著許多他對未來趨勢的寶貴看法。第九章有關網際網路未來的觀點，尤其彌足珍貴。

當「策略轉折點」來臨之時，不論哪個階層的員工，都難以避免地會陷入對未來茫然無措的恐慌；曾經或依然成功與繁榮的公司或個人，尤其容易因「感情的包袱」、「成功的慣性」及「對現實認知的失調」，而抗拒、排斥應採行的變革。對於這人性幽微的一面，葛洛夫有極其透徹的看法。他堅信只有結合一群擁有「客觀的理解力」、「強烈的意志」及「熱情」的人，尤其是中階管理人員，才能衝破困境，開創另一個高峰，而「參與」式的管理方法、無障礙的雙向「溝通」、就事論事的「建設性對抗」，以及高階層主管的「以身作則」，都是鼓舞他們走出「死亡之谷」的最好激勵。這是本書另一個極富價值的地方。

無論從實際的經營績效，或他曾經歷的產業變遷來觀察，安迪．葛洛夫先生無疑是位真正面對過問題，解決過問題的傑出經營者。經過他的解析，我們更清楚許多事件的因果關係，而他所闡述的系統化策略思考架構，藉著他的釋例，證明無一不是珍貴經驗的累積，更足以協助我們審視周遭環境的變化，來不斷修正我們心中的「地圖」。

沒有人會否認，我們正處於一個一切都在急遽改變的環境。但是，我們是否正囿於感情、習慣、身段或恐懼，而漠視它可能帶來的衝擊？我們是否正耽於過去的繁榮，或陷於盲目的自信，而拒絕面對這樣的壓力？或許，我們都知道變革是必行之路，然而，變成什麼？如何變？何時變？變了以後會怎樣？這種種疑問又常讓我們躑躅不前。如果讀者與我一樣有著同樣的困惑，《10倍速時代》這本書將帶來寶貴的啟示。

一九九六年十月

前言

唯偏執狂得以倖存

——「你的商業世界中，一些最根本的東西遲早會發生變化。」

距離曾經是一道鴻溝，
阻絕了人們，孤立了人們，
使他們無法接觸到在地球另一面工作的其他人。
但是，如今，科技正每天每天一寸又一寸地縮小這鴻溝。
世界上的任何一個人，
都即將變成我們每一個人的
工作夥伴和競爭對手，
一如我們在同一棟辦公大樓裡的同事。

「唯偏執狂得以倖存。」朋友總說，這句「名言」出自我的口。我自己卻怎麼也想不起，我第一次是什麼時候說這話的。然而，無論如何，就企業經營而言，我確實相信偏執的價值。企業成功本身即蘊含了毀滅的種子。你越是成功，就有越多的人想分一杯羹，而且一杯一杯地分下去，直到你一無所有。我認為，一個經理人的首要職責，便是持續地抗拒別人的侵奪，並且教導手下的人養成這種防衛習慣。

我偏執的事物種類繁多，因時而異。我擔心產品搞砸了，擔心某個產品會不會太早推出了。我擔心製造廠表現不佳，擔心手下的製造廠太多了。我擔心雇用不到適當的人，擔心員工士氣不振。

當然，競爭對手也叫我憂慮。我擔心，我們原本做得較好或可以用較低成本做到的事，別人也想到怎麼做了，因而搶走我們的顧客。

但是，一旦一個企業的生命走到我所謂的「策略轉折點」（strategic inflection points），這一切憂慮就不算一回事了。

稍後我再解釋何謂策略轉折點。在這裡，容我只簡單地指出，策略轉折點是指一個企業的基本構成要素即將發生變化的時候。這變化可能是往一個新高點爬升的大好機會，但同樣也可能意味著即將走向末路。

策略轉折點可能起因於科技上的變化，但絕不止於科技變化。轉折點也可能是競爭對手引起的，卻也絕不只關乎競爭。那是企業經營方式的全面性變化，因而如果你一如過去的做法，僅是採用新科技或奮力競爭，恐怕是不夠的。轉折點總是在暗中如滾雪球般蘊蓄威力，你即使只是想弄清楚怎麼回事，也不容易。但是，你知道，是有些什麼事情在改變。

一句話，如果未加注意，策略轉折點極可能會要了你的命。一個因為這樣的變化而走下坡的公司，多半很難重拾昔日的雄風。

策略轉折點並不總是帶來災難。當企業經營的方式發生變化，它也為那些擅長以新方式運作的人（無論他們是新投入某種行業，或在某個行業已占有一席之地的人）製造了機會。對他們來說，策略轉折點可能意味著機會，一個新的成長期。

你可能被動地承受一個轉折點的侵襲，也可能引發某個轉折點。這兩種角色，我所服務的英特爾（Intel）公司都曾經扮演過。在一九八〇年代中期，日本的記憶體廠商為我們帶來一個難以抵禦的轉折點，迫使我們放棄記憶體晶片製造業，改投入那個時候還頗為新穎的微處理器領域。接著，我們所從事的微處理器產業，逐漸為其他公司帶來各種各樣的轉折點，讓早期的大型電腦產業面臨極大困境。既曾深受策略轉折點之害，又曾引發轉折點，我向你保證，前面一種情況要叫人難受得多。

我成長於科技產業界，我的大部分經驗都源自於此。我以科技的概念和比喻思考，本書中的許多案例也來自我所孰悉的領域。但是，策略轉折點的出現儘管常常源於科技的變化，卻絕不限於科技產業。

自動櫃員機的出現，改變了金融運作。假使電腦價格下降，並互相連結，用在醫療診斷和諮詢，就可能改變醫療業務。以數位型態來創造、儲存、傳送及展現所有娛樂節目的可能，恐怕會改變整個傳播業。總而言之，策略轉折點關乎任何企業（無論是科技業與否）的根本變化。

在我們生存的這個時代，科技變革的腳步正日益加快，激起一道道的波瀾，擴散開來，影響及於所有的行業。無論你的生計是什麼，這種日益加快的變化速度勢將衝擊到你。新的競爭將會來自你不曾料想到的角落，來自做事情或製造東西的新方法。

這個情勢可不管你住在哪裡。距離曾經是一道鴻溝，阻絕了人們，孤立了人們，使他們無法接觸到在地球另一面工作的其他人。但是，如今，科技正每天每天一寸又一寸地縮小這鴻溝。世界上的任何一個人，都即將變成我們每一個人的工作夥伴和競爭對手，一如我們在同一棟辦公大樓裡的同事。科技變化正在伸展它的影響力，並且遲早會改變你的行業的某些根本要素。

這樣的發展是建設性或破壞性的力量呢？我以為，兩者皆是。而且這樣的發展是不可避免的。在科技世界，凡是可能的都將成為事實。這些變化，我們無法阻擋，也無法躲開。我們必須專心致志，準備好迎接它們。

此外，無論你所面對的是一家公司或你自己的工作生涯，策略轉折點所帶來的教訓是相似的。

如果你是在經營一家企業，你必須體認到，任何正規計畫都無法預期這種變化。這是否就表示你不需計畫呢？絕對不是。你所需要的，是像消防隊那樣子做計畫：消防隊沒有辦法預測下一場火災會在哪裡發生，因此必須建立一個活力充沛、效率卓越的團隊，除因應日常的意外之外，也能夠及時處理不可預期的災害。了解策略轉折點的性質及處置它的方法，將有助於你保障自己公司的健全。領導你的公司避開傷害，並使公司處於能夠在新形勢中欣欣向榮的狀態，正是你的職責。而且，除了你，沒有人做得到。

如果你是受雇員工，遲早也會被某個策略轉折點波及。天曉得一旦大洪水式的巨變橫掃你從事的行業，甚至吞沒你服務的公司，你賴以維生的工作會變成什麼樣子？

誰知道那時你的工作是不是還存在？而且除了你自己以外，還有誰在乎呢？

直到不久以前，一旦你進入一家略具規模的公司上班，你還可以假定，在工作生涯裡你有機會一直捧著這飯碗。但是，當公司本身都不再擁有一輩子的飯碗，它又怎麼能夠提供員工長期飯票呢？

就在這些公司掙扎著適應新形勢的時候，好幾十年來一向有效的企業經營方法正逐漸地變成歷史。秉持不裁員政策的那些公司，曾經庇蔭過幾個世代的員工，如今卻在一夕之間把上萬人丟棄在街頭。

令人難過的是：可沒有人欠你一份工作。你的工作確實就是你自己的事。你是你的工作的唯一擁有者。你有一個員工——你自己。你在和數以百萬計的類似「企業」——也就是全世界那數以百萬計的其他受雇員工——競爭。你必須承認，你是自己的職業生涯、技能，乃至於異動時機的決定者。保護你的這份個人事業免於受到傷害，並使它能夠從周遭環境的變化中獲利，完全是你自己的職責，沒有任何人可以為你做這件事。

擔任英特爾的主管多年，我一直都在學習掌握各式各樣的策略轉折點。思考這些轉折點，使我們的企業得以在競爭日益激烈的環境裡生存下來。我是個工程師和經理人，但我總有一股衝動想去教別人，和別人分享我原本為自己構思的諸多方案。就是由於這股衝動，我希望和別人分享我學到的教訓。

不過，這本書不是回憶錄。我參與經營一家企業，每天和顧客與工作夥伴打交道，並且時常揣想競爭對手的意圖。在寫作這本書時，我有時會徵引我在這些交往裡寫下的筆記。但這些接觸之所以發生，並不是為了公諸大眾。它們都是生意上的交談，旨在滿足英特爾或其他企業的一些什麼需求。我必須尊重這一點。因此，請原諒我在書中以一般性的描述或匿名方式，掩飾某些故事。這是沒有辦法的事。

這本書的主題是遊戲規則改變所帶來的衝擊，以及如何在未經探索的領域找出一條生路。透過一些案例，也透過對我自己和別人的經驗的反省，希望你能更了解經濟洪水式的巨變是怎麼一回事。這本書也企圖提供一個可賴以對付巨變的參考架構。

一如前述，這本書也討論職場生涯的問題。當企業在新的基礎上建立起來，或經過改造以順應新的環境，有些工作就被中斷或提升了。我希望這本書有助於你守護自己的工作，度過困難時期。

現在，讓我們躍入某一個策略轉折點之中——那個時候，有些什麼事正在劇烈變化，有些什麼事已經不一樣了，而你卻忙於掙扎求生，以至於那變化的意義只有在事後回顧時才顯露出來。回憶儘管痛苦，我也只得再體驗一次一九九四年秋天，英特爾在其主力產品 Pentium 處理器上面所遭遇的困難。

1 那一年冬天，Pentium

九十億分之一的錯誤，造成五億美元的損失

——「現在新規則占上風，而且力量強大到足以讓我們損失巨資。」

這就好像行舟海上，當風向改變，
你或許因為人正好在船艙底下，一點也沒有察覺；
直到船身突然傾斜，你才嚇一跳。
原來對你有利的風向，已經轉變；
在身陷險境之前，你最好趕快改變行船方向。
然而，你必須先對風勢和新方向有一點感覺，
才可望恢復船身平穩，決定新航向。

除了擔任英特爾公司總裁暨最高執行長，我也兼職在史丹佛大學商學院講授一堂策略管理的課。我和一起擔任這門課的博格曼（Robert Burgelman）教授，通常都是在學期一結束，趁記憶還清新時，翻開學生名冊，逐一評比學生的課堂表現，打他們的成績。

一九九四年感恩節前的禮拜二，十一月二十二日上午，我們評比學生成績所耗的時間，較往常長了一些。當我正準備打個電話回辦公室，電話鈴響了。恰巧是辦公室打來的。我們的公關部門主管要和我通話，而且很急。她想告訴我的是，CNN（有線新聞網）的人馬湧到英特爾來了。他們聽說 Pentium 處理器的浮點處理有問題，並且這件事即將爆發了。

在這兒，我必須回溯一下。首先，且簡單介紹一下英特爾。一九九四年，英特爾已成立二十六年，是營業額上百億美元的電腦晶片製造商，居全球首位。長期以來，在記憶體晶片和微處理器這兩個現代電腦最重要的基礎領域，我們都是開路先鋒。在一九九四年，我們大部分的生意都以微處理器為主，而且經營得相當不錯，獲利豐厚，每年大約成長百分之三十。

對我們而言，一九九四年之所以特殊，還有另一個因素。就在那一年，英特爾開始全面量產我們最新一代的微處理器，Pentium。這是一樁非常大的要事，涉及我們的數百家直接客戶（電腦製造商）。這些客戶，有些熱烈支持這項新科技產品，有些則否。我們自己已決心全力衝刺，因此展開了規模浩大的促銷行動，吸引電腦使用者注意。在公司內部，我們分布在世界四個不同地點的製造廠，也已整裝待發。我們把這項計畫叫作「第一件事」（Job 1），好讓全體員工確實明白當前的首要任務為何。

每九十億次才可能發生一次的錯誤

就在這種情勢下，令人頭痛的事發生了。網際網路上有一個論壇，對英特爾產品感興趣的人常在那兒聚首交談。幾個禮拜前，公司有些員工注意到，那論壇出現了一系列討論，評述 Pentium，其標題大抵如「Pentium FPU 的瑕疵」（FPU 是 floating point unit〔浮點運算器〕的縮寫，指晶片中負擔沉重運算責任的部分）。這一系列討論，是由一位數學教授引發的——他指出，Pentium 晶片的運算功能有些不太對勁，他本人在研究某些複雜的數學難題時，遇到了一個除法運算的錯誤。

我們對這個問題其實不陌生，在此之前幾個月就已知道它的存在。那是晶片上一個微細的設計錯誤，導致每九十億次除法運算會出現一次四捨五入誤差的機率。一開始，我們非常憂慮，因此展開大規模的研究，試圖了解「每九十億次除法運算有一次誤差」究竟會造成什麼樣的影響。研究結果令我們頗為安心。舉例而言，這表示，對一般的試算表使用者來說，他們使用試算表二萬七千年才可能碰到一次問題。這是一個很小很小的機率，遠比其他類型問題讓晶片出錯的機率低，而別的這些問題在半導體中經常會遇到。所以，我們一方面固然努力尋找和測試解決這個缺陷的途徑，另一方面也繼續進行我們的產銷行動。

然而，網際網路上的討論引起了商業新聞界的注意。有一份商業性週刊在一則頭版文章中，對這問題做了既全面又精確的討論。第二個禮拜，另一份商業報紙在一小則報導裡再度談到這個問題。事情彷彿可以就此結束了。在感恩節前那個禮拜二到來之前，事情也確實如此。

那個上午，ＣＮＮ的人出現在我們面前，一副來勢洶洶的樣子，想採訪我們。節目製作人先開腔，以興師問罪的口吻，和我們的公關人員做了初步交談。就在我從電話中聽取公關主管報告時，情勢發展看來已經不妙了。我急忙收拾了自己的文件，一路衝回辦公室。事實上，事情確實不妙。ＣＮＮ製作了一則非常刺耳的報導，在第二天播出。

此後數天，每一家大報都開始報導這件事，標題大抵如「瑕疵作怪，Pentium晶片不再精確」、「Pentium主張：買或不買」。電視記者守在我們公司門口。網際網路上的信息往來數量倍增。彷彿全美國每一個人都在談論這件事；不久，彷彿全球每一個國家都在關注這件事。

使用者開始打電話進來，要求更換晶片。我們的產品更換政策，係以我們對問題嚴重性的評估為依據。有些人的使用習慣顯示，他們可能經常要做除法運算；這時，我們就予以更換。對於其他使用者，我們送上一份關於這個問題的白皮書，仔細解說我們的研究與分析，極力說服他們安心。大約過了一個禮拜，這種雙管齊下的做法似乎逐漸奏效。每日打進來的電話次數開始減少，我們繼續努力改進我們的晶片更換作業程序，而儘管新聞界還在嘲弄我們，所有可見的指標，包括電腦銷售量及要求換晶片的件數，都顯示我們一定可以度過難關。

但是，到了十二月十二日禮拜一，事情再度惡化。那天早上八點，我走進辦公室，看到在助理為我存放電話留言條的小夾子裡，夾了一張摺疊好的電腦列印紙。那是一則電訊報導。猶如爆發性新聞常見的情況，這則報導只有簡短的標題，大意是說：ＩＢＭ（國際商業機器公司）決定停止配銷所有以Pentium為元件的電腦。

於是，情況再度陷入混亂。ＩＢＭ的行動意義重大，因為，對，就因為他們是ＩＢＭ。在ＰＣ（個人電腦）業界，ＩＢＭ近年來已不再像以前一樣，擁有那麼大的影響力。但他們畢竟是ＩＢＭ ＰＣ的原創者，而英特爾科技之所以享譽業界，ＩＢＭ以英特爾微處理器作為其電腦元件的政策便是重要因素之一。自ＰＣ問世十三年來，大部分時間裡，ＩＢＭ一直是業界的龍頭老大。所以，他們的行動當然受到矚目。

從世界各個角落打來的電話，再度狂亂地響起。英特爾服務熱線鈴響的次數，急遽增加。我們的其他客戶想要知道，到底又發生了什麼事。一個禮拜前，他們的語調還充滿善意，或者鼓勵，或者安慰；現在，他們的聲音透著困惑和焦慮。我們再度返回防禦陣線——這次，我們必須以更大、更大的動作因應變局。

參與處理這件事的許多同仁，都是在過去十年間才進入英特爾的；而在那十年，我們的事業始終持續穩定成長。因此，他們的經驗一直是只要努力工作，一步一步往前邁進，就可以有好的成果。現在，突然間，他們不但沒有得到預期中的成果，而且一切都變得不可預期了。我們的人一方面固然忙得一塌糊塗，另一方面也憂心忡忡，甚至感到害怕。

這件事還造成另一種負面影響。我們的同事即使走出英特爾的大門，也仍然擺脫不了困擾。回到家中，家人和朋友總會對他們投以奇怪眼神，彷彿表示譴責，彷彿表示難以置信，彷彿是說：「你們這些傢伙在幹什麼？我在電視上看到這樣的事。他們說，你們公司既貪婪又蠻橫。」過去，我們的同事告訴別人他們在英特爾工作時，除了讚賞的話，他們不會聽到其他反應。現在，他們只聽到惡意的笑話，譬如：「讓一個數學家與一個 Pentium 微處理器交配，你會看到什麼？答案是：瘋狂科學家。」更糟的是你無從逃避。每逢家庭聚餐、假日派對，這件事又會成為話題。對他們來說，這樣的轉變實在不公平。當然，這種處境絲毫無助於提振精神，支持他們第二天回到公司，繼續應付電話熱線，負起生產線的責任，或做其他的事。

我自己也一樣不好過。在這個行業，我已經待了三十年；而且自英特爾創辦以來，就一直待在這家公司。我經歷過一些非常艱難的處境，但這次的情況有所不同。它比過去的那些經歷都難受。事實上，它每一步的發展都和其他情況不一樣。這是一個陌生的，更為險惡的處境。我每天白天都辛勤工作，回到家卻立刻癱瘓，倍感沮喪，心想：這種事為什麼會發生？我覺得，我們已深陷圍城，四面受敵，承受無止境的炮火攻擊。

五二八會議室距離我的辦公室不過六、七公尺，此刻成了英特爾的作戰指揮室。裡頭的那張橢圓形桌，原本只可以坐大約十二個人。現在，一天總有幾回，房間裡擠進三十多個人，有的坐在置物櫃上，有的倚牆而立，進進出出，從外頭帶來什麼信件，又離開去執行大家剛剛決議的事項。

幾天下來，忙著對抗如潮水般湧來的輿論，應付電話和出言不遜的報端評論，我們終於明白，非做出重大改變不可。

非改變不足以解決問題

下個禮拜一，十二月十九日，我們的政策完全改變。我們決定，不管使用者是拿電腦來做統計分析或玩電腦遊戲，凡是要求更換零件的，我們都予以更換。這可是一個非同小可的決定。我們截至當時已經送出去數百萬個這種晶片，而我們沒有人猜想得到，其中到底有多少晶片會被送回來——也許數量不大，也許全部。

幾天之內，我們就從無到有，建立了一個龐大的組織，來應付蜂擁而至的電話。過去，我們從不曾真正做過消費品的生意，應付消費者的問題不是我們向來就得做的事。現在，我們突然間每天都得做這種事，而且是大張旗鼓地做。一開始，這個臨時組織的成員都是自願投入的同事，包括在不同領域工作的人，如設計師、行銷人員、軟體工程師。他們放下手邊的工作，坐在臨時搭湊的桌子前面，接電話，登記姓名和地址。為了有系統地監控更換晶片的作業，我們發展出一套後勤支援辦法，追蹤登錄進進出出的數以萬計的晶片。我們甚至建立了一個服務網，用來為那些不願意自己動手更換晶片的人服務。

那年夏天，我們初次發現浮點運算器的瑕疵時，就已著手改正晶片設計，並反覆、徹底地檢測新晶片，以防這樣的改變又製造什麼新問題。在這件事爆發之前，我們也已經分階段製造改正後的版本。現在，一九九四年已接近尾聲，我們取消工廠在耶誕假期停工的慣例，加速這項轉換產品的生產作業。為了進一步加快速度，我們甚至直接從生產線上成批撤走舊原料，乾脆全部丟棄。

結果，當然，有一大筆錢必須從我們的存貨價值清單中勾消：光是更換零件的估計價值，加上廢棄原料的價值，就已高達四億七千五百萬美元之譜。這相當於英特爾半年的研發預算，或Pentium的五年廣告支出，但我們也只能接受現實，把它忘了。

接著，我們開始以全新的方式經營事業。

這到底是發生了什麼事？總之，這是一件大事，一件不一樣的事，一件意想不到的事。

二十六年來，只要我們有在做事情的一天，只要涉及英特爾的產品，我們永遠是最高主宰。**我們**決定，什麼是好的，什麼是不好的，**我們**設定我們自己的品質水準，制定我們自己的規格，而只要**我們**判定一個產品符合我們自己的標準，我們就把它配銷出去。這些產品畢竟出自**我們**的構思、設計，我們似乎理應擁有這個權力和責任，來判定產品的優劣。從來沒有人質問我們何以有這個權力，而一般來說，我們也達到我們自己設定的目標。二十六年來，我們領先開發了一個又一個的經典產品：DRAM（動態隨機存取記憶體）、若干其他類型的記憶體、微處理器、板上連接式電腦。我們的產品已成為數位電子產業的基石。但是，現在，突然間，每個人都對我們投以奇異的眼光，彷彿在說：「你們憑什麼告訴我們，什麼東西對我們是好的？」

還有，由於我們一般並不出售微處理器給電腦**使用者**，只出售給電腦**製造者**，所以過去出現什麼問題，我們也只跟電腦廠商打交道，工程師對工程師，在牆上掛著黑板的會議室裡，根據資料分析，進行討論。但是，現在，突然間，有兩萬五千名電腦**使用者**每天打電話進來，說：「給我換新零件，就這樣。」我們發現，我們每天都在應付不會直接跟我們買東西，卻對我們很不諒解的人。

最難受的或許是我們在外人眼中的形象，已經迥異於昔日。我還以為，我們仍然是一個充滿活力與創造力的新興企業，只不過剛剛比其他同樣活蹦亂跳的新興企業壯大一點，我們仍然可以在一個小範圍裡揮灑自如。我們的員工仍然把公司的利益放在自己的利益前頭，一旦有事，不用人指使，各個部門的人就會自動圍攏過來，伸出手來幫忙處理，而且不計較要耗費多少時間。但是，現在，怎麼外頭每個人似乎都把我們當作一個典型的大公司，一個龐然大物？而且，在公眾的眼中，這家公司只會和人們打馬虎眼，迴避質疑。這樣的外在形象，一點也不符合我對我們自己的認知。

那麼，我們過去到底發生了什麼事？何以現在會這樣？這一次到底有什麼不同？總之，是有**什麼事情**不一樣了。只是當局者迷，身在事件當中，我們很難看得清楚到底怎麼一回事。

我們到底出了什麼事？

事過大約一年，我反省此事，看到微處理器浮點運算器上的一個微細瑕疵，之所以可以在不到六週內，迅速造成價值高達五億美元的損失，實在是因為有兩個長期累積的重大因素已影響到我們，為這樣不可思議的災難製造了發生的條件。

第一個因素是我們嘗試改變世人對我們產品的觀點。幾年前，我們推出一個大手筆的行銷活動，「Intel Inside」（內載英特爾）方案。這是業界前所未見的大規模行銷活動。事實上，它規模之大，足以和一流的消費品廠商的行銷活動媲美。這項活動的目的，是在提醒電腦使用者，裝在他們電腦裡面的微處理器**才是**真正的電腦。

猶如其他優異的行銷計畫，這個活動有利於強化消費者對真實情況的認知。即使在這個活動展開以前，每當你問別人，他的電腦是哪一種電腦，他最可能說的第一句話通常是：「我有一台386。」而那就是指電腦裡面的微處理器晶片。然後，他才會繼續指出那台電腦的製造廠商、它所裝載的軟體等等。彷彿出自本能，電腦使用者知道，一台電腦的基本身分和等級主要是決定於裡面的微處理器，而不是其他東西。這種現象，對我們來說，無疑是好事一樁。正是因為這樣，所以我們的獨特身分和地位才得以確立，而使用者也知道我們和我們產品的存在。

「Intel Inside」活動，便是企圖讓更廣大的消費者及未來的電腦購買者，深切體認到我們產品的意義。我們設計了一個醒目的標記，並促請使用英特爾微處理器的電腦廠商，在他們的產品廣告中打出這個標記；他們多半也同意，在他們出售的電腦上貼一個標記貼紙。美國和國際的數百家廠商，都參與了這個活動。

我們自己花了大把金錢來推廣這個商標。在全球各地，我們樹立廣告看板，亮出「Intel Inside」標記；我們製作了許多國語言的電視廣告；我們甚至在中國發送了數千塊印有「Intel Inside」標記的自行車反光板。到了一九九四年，我們的調查顯示，這個標記已成為各種商品行銷符號中最為人所知的標記之一，可以和可口可樂或耐吉（Nike）這些品牌相提並論。

第二個導致這場大混亂的基本因素，就是我們公司的規模本身。幾年下來，我們已變成全球最大半導體廠商。僅僅幾年前在我們眼中仍是龐然大物、巨無霸的美國大廠商，被我們超越了。才十年前，對我們造成嚴重威脅，逼得我們差一點倒閉的日本大廠商（詳情請見本書第五章），也被我們超越了。而且，我們還在迅速成長，迅速得令大多數大公司歆羨。我還記得，英特爾創辦不久，我們的客戶在我們眼中都彷彿是無法企及的大公司；如今，我們的規模也已比大部分的這些公司大。在成長的過程中，有一天，就像孩子突然必須低下頭看自己父親一樣，我們和他們的身材比例整個顛倒過來了。

這不過是短短十年間的事，實在發生得太快了。過去，當我們這一行的別家公司對我們表示尊重，我們偶爾也會意識到，自己恐怕已經成長了。但是，我們英特爾的人很少會去想這個問題。事情只是悄悄地潛至我們身邊；對我們來說，事情反正就是這樣子發生了。

如今，我們必須面對的，便是我們的龐大規模和鮮明存在所帶來的後果。在電腦購買者的眼中，我們已經變成一個巨無霸。不幸的是必須經歷這樣一次打擊，我們才覺醒過來。

這樣的改變是漸進的，但經年累月已醞釀成大變局。昔日經營事業的規則不再有效，新規則已占有明顯優勢，力量之大，足以迫使我們採取讓我們損失近五億美元的行動。

問題是，一者，我們當時並未察覺規則已經改變；再者，更糟的是我們不知道現在我們必須遵循的是什麼規則。

在浮點事件之前，我們只知做好原本該做的事：把我們的產品順利地供應給我們的電腦廠商客戶，並盡自己所能，做好品管。我們將產品推銷給這些電腦公司的工程師，也推銷給電腦使用者。我們動作迅速，反應敏捷。一如所有優秀的新興企業，我們辛勤工作，而一切也都如我們所願，有好的結果。但是，突然間，這樣做似乎已經不夠了。

我們在這件事發生的期間，所遭遇到的事情，許多別的企業也都遭遇過。所有企業的運作，都依循著某些未曾明言的規則；只是，有時候這些規則會改變，而且經常是大幅改變。但我們看不到任何閃爍的信號，預告規則即將改變。變化總是在不知不覺中潛至你身邊，正猶如它在不知不覺中潛至我們身邊，沒有一點預警。

你只知道，有些事情改變了，而且那事情很大，很重要——即使你不很清楚那是什麼事。

這就好像行舟海上，當風向改變，你也許因為人正好在船艙底下或其他什麼緣故，一點也沒有察覺；直到船身突然傾斜，你才嚇一跳。原來對你有利的風向，已經轉變。在身陷險境之前，你最好趕快改變行船方向。然而，你必須先對風勢和新方向有一點感覺，才可望恢復船身平穩，決定新航向。這其中最艱難的一部分，正是在像這樣的關鍵時刻，你必須採取困難但明確的行動。

這種現象是相當普遍的。某種行業可能導致其他行業的改變；競爭對手可能導致改變；科技可能導致改變；規範制度的或廢或立可能導致改變。有時，這些改變只影響到一家公司；有時，卻影響到整個行業。如何知道風向業已改變，並在船毀人亡之前採取適當行動，顯然攸關一個企業的未來。

「那傢伙總是最後一個知道」

Pentium 浮點事件發生後的三個月內，又有幾件大事發生：微軟（Microsoft）的新作業系統「視窗九五」（Windows 95）延後推出；蘋果公司也推遲新軟體 Copland 的上市時間；Windows 小算盤和 Word 與麥金塔系統之間長期以來的相容性瑕疵，都一再喧騰於業界的新聞刊物，顯得異常醒目；迪士尼《獅子王》光碟遊戲的相容性問題，Intuit 公司報稅軟體的毛病，也變成報紙每日炒作的主題。顯然事情已經不一樣了，不僅對英特爾而言如此，對高科技行業的其他公司而言亦復如此。

但是，我不認為這種改變是高科技產業的獨特現象。從每天的新聞報導，我時常可以看到，各行各業也遭遇種種變局。那許多擾攘不安的投資案、購併案，以及終止合作案，見諸媒體界與電信通訊業，也見諸銀行業與保健業，似乎在在表示，這些行業已經「有些事情不一樣了」。科技如果和大多數這樣的變化有關，那是因為科技賦予這些行業的公司，改變周遭秩序的力量。

如果你從事的是這其中某個行業，並且是中階幹部，你很可能已察覺風向改變，而整個公司，或你的高階主管，對這件事卻還毫無感覺。中階幹部，尤其是必須直接與外面世界交涉的幹部，譬如業務經理，常常是公司裡第一個察覺情況有異，規則正在改變的人。但他們通常沒有機會從容地向高階主管解釋這一切，因此有時候，高階主管較晚才會發覺周遭世界已經不一樣了——而公司的最高主管則經常是最後才知道情況的那個人。

這裡有個活生生的例子。最近，我聽到有人對某公司一種備受揄揚的新軟體，提出不同的評價。對於這家公司，我們並不陌生，已經採用過它的一些其他產品。我們的資訊科技部門主管提到，我們試圖採用這軟體時，碰到了一些意想不到的困難；因此，她表示，她寧可等這個軟體的下一個版本出來以後再說。我們的行銷經理也聽到別家公司有類似的反應。

我打了個電話給該公司執行長，把我聽到的說法講給他聽，並問他：「你要不要考慮調整策略，現在就直接開發新一代的軟體？」他答道：「不可能。」他表示，他們會堅持既定做法，而且他們不曾聽說有人認為他們的策略有問題。

當我把這件事告訴原先將有關信息帶給我的人，我們的資訊科技部門經理就說：「沒錯，那傢伙總是最後一個知道。」這位執行長，如同其他公司的領導人，是他們公司的中心，身居防禦工事堅固的宮殿，任何來自外面的消息，都需穿過層層關卡，才能從邊緣滲進中心。而邊緣正是戰鬥實際發生的地方，我們的資訊科技經理就處於邊緣；我們的行銷經理，也是在那兒體驗戰鬥。

在英特爾，我就是最後才了解 Pentium 危機嚴重性的那個傢伙。在受到外界一連串不容情的批評之後，我才體認到，有些事情已經改變了，我們必須調整做法，順應新環境。在這裡，我們可以改變自己的做法，承認英特爾已變成家喻戶曉的廠牌和一家大型消費品公司；我們也可以堅持原有的做法，不過，如此一來，我們非但會喪失機會，不能培養我們與客戶的新關係，而且公司的信譽和體質也會遭到莫大傷害。

我所學到的教訓，是我們每一個人都有必要把自己暴露在改變的風潮下。我們應該直接面對客戶，包括願意一直做我們生意的客戶，以及如果我們墨守成規，就可能會棄我們於不顧的客戶。我們應該直接面對低階員工；在適當的鼓勵之下，他們會告訴我們一大堆我們需要知道的事。我們還應該歡迎各種批評——所以，不要害怕那些本來就經常挑我們毛病的人，例如記者或金融界的人，講出什麼不中聽的話。你不妨來個主客易位，反問他們一些問題，包括關於競爭對手的問題，關於業界潮流的問題。你當然也可以問問看，他們認為我們最應該關心的是什麼問題。只要把自己丟進嚴酷的現實世界，我們的判斷力和直覺就會迅速再度磨利。

2 十倍速變化

沒有任何警示，一切遊戲規則都作廢了

——「這種轉變對企業的衝擊十分重大，而企業如何管理這種轉變，決定它的未來。」

策略轉折點即是舊的結構、經營手法及競爭方式，轉變為新的結構、手法和方式，各種力量的均勢發生巨變的時候。在轉折點來臨之前，你所從事的其實是老舊的行業。在轉折點之後，它便像是全新的行業了。曲線在轉折點的變化，雖然幽微難辨，卻深刻而強烈，並且絕不回頭。

我們經理人老是喜歡談論所謂轉變，「擁抱轉變」已成為管理論述的口頭禪。但策略轉折點不是一般的轉變。相較於平常所謂的轉變，它就猶如第四級急湍之於一般的水流，兇猛而狂暴，足以致命，連職業泛舟老手都得戒慎恐懼，小心翼翼地靠近。

方才我們已經看到，處於策略轉折點之中是怎麼一回事。此刻，我要回過頭去，分析可能導致轉折點的因素。

影響企業的六股力量

大多數關於企業競爭力的分析都是靜態的。它們描述某個時間點上的有關力量或因素，並試圖說明這些因素如何地使一個企業處於有利或不利的狀態。但是，一旦這些因素的均勢發生重大變化，這種分析就沒有什麼用了。舉例言之，如果其中一個因素的力量或影響力擴大了十倍，傳統的競爭力分析便不足以幫助我們掌握一個企業的運作。

然而，這類分析仍為我們提供了一個不錯的途徑，可用來描述影響企業經營的各種因素。現在，我們基本上依據哈佛大學邁可・波特（Michael Porter）教授的著作，很快地回顧一下古典的競爭力策略分析。①波特辨認出決定一個企業競爭力的五種力量，而既然幾世代的商業人士和商學院學生，都憑藉對這些力量的審視，來思考問題，我也採用它們作為討論的出發點。以下便是我用自己的語言，重新說明這五種力量——

- 現存競爭者的影響力、活力、能力：有許多競爭者嗎？他們資金充裕嗎？你所從事的行業確實是他們的主力事業嗎？
- 供應商的影響力、活力、能力：是不是有許多供應商，所以你的企業有許多選擇；抑或供應商很少，所以他們把守要津，發言權大，他們是不是進取心旺盛而貪婪，抑或保守而重視與客戶的長期關係？
- 客戶的影響力、活力、能力：有許多客戶嗎？還是你的企業必須倚賴一兩個大客戶？這些客戶是不是相當苛刻——這也許是因為**他們**那一行競爭得異常

①詳見邁可．波特著《競爭策略》（*Competitive Strategy: Techniques for Analyzing Industries and Competitors*, New York: The Free Press, 1980）頁三－四。

激烈？還是他們頗具「紳士風範」？

- **潛在**競爭者的影響力、活力、能力：他們目前並不在這一行，但環境一旦改變，他們也許就會跳進來。屆時，比起現存的競爭對手，他們有可能規模更大，能力更強，資金更充裕，企圖心更旺盛。
- 產品或服務以另一種方式生產、構成、提供的可能性，通常稱為「替代方式」（substitution）：我發覺，最後這個因素是所有因素中最關緊要的。新技術、新手法、新科技可能會顛覆舊秩序，設定新規則，從而創造一個全新的環境。汽車貨運和空運之於鐵路，貨櫃航運業之於傳統港埠，大賣場之於小店舖，乃至於今日微處理器對電腦業仍持續發生的影響，以及數位媒體可能對娛樂業的衝擊，正是這類情況。

晚近有關競爭力理論的修正，已促使人們注意到第六種力量——

- 「協力業者」的力量：從與你的企業具有互相支援關係的其他企業，客戶可以購得互補產品。在互補關係中，每一家公司的產品在與另一家公司的產品搭配使用時，可以發揮更好的功能。有時，它們甚至必須搭配使用，才有用處。汽車需要汽油，汽油也需要汽車；電腦需要軟體，軟體也需要電腦。②協力業者通常利益一致，走在同一條路上，不妨稱之為「同路夥伴」。在這種情況下，你們的產品互相支援，擁有一致的利益。然而，如前所述，新的技術、手法、科技可能會顛覆舊秩序，從而改變協力業者之間的相對均勢（其中某個行業可能因而具有更大的影響力），或者造成同路夥伴的路途歧出，與你分道揚鑣。

這六種力量可以整理成圖表一。

---

②參見布蘭登伯格（Adam M. Brandenburger）與奈勒鮑夫（Barry J. Nalebuff）所撰的〈正確的遊戲：以遊戲理論塑造策略〉（The Right Game: Use Game Theory to Shape Strategy）一文，刊登於一九九五年七－八月號的《哈佛商業評論》（*Harvard Business Review*），頁六〇。

圖表 1　六種力量

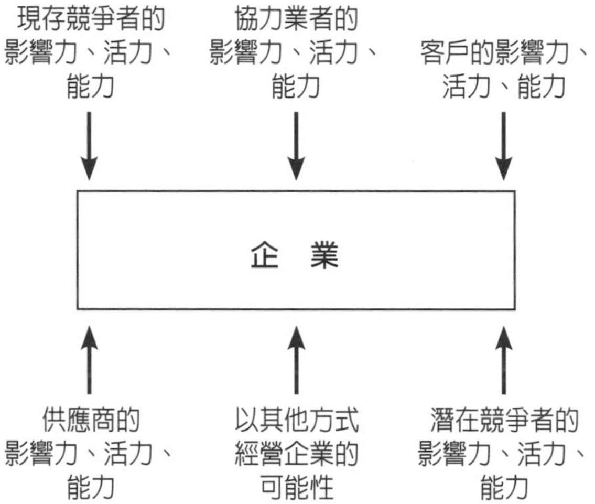

十倍速力量

當企業經營的某種要素所發生的變化，規模大到超過該企業所熟悉的情況，原先的遊戲規則就都要作廢了。先是有風，然後是颱風。先是有浪，然後是海嘯。先是有競爭能力，然後是超強的競爭能力。上述六種力量之一所發生的巨幅變化，我稱之為「十倍速變化」（10X change），意味著該力量的分量已較前一刻成長十倍。這種情況可以用圖表二來表示。

當一個企業從圖表一所代表的狀態過渡到圖表二，它便面臨了巨幅的轉變。面對此種十倍速力量，你有可能無

圖表 2　包含一個 10 倍速力量的六種力量

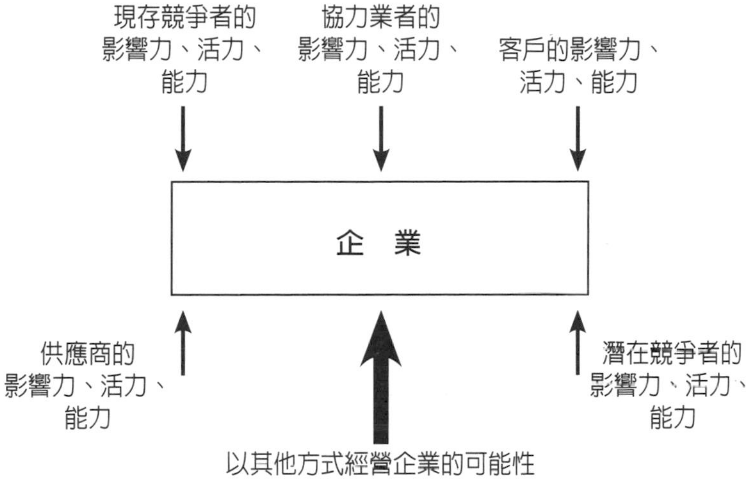

法決定自己的命運。從不曾見過的事情，如今逼向你的企業。無論你怎麼做，你的企業都不再像過去那樣有所反應。就是在像這樣的時刻裡，我們很容易冒出這句感慨萬千的老話：「事情不一樣了，世界變了。」

在某種十倍速變化的威逼下，經營企業是一件非常、非常困難的事。企業對管理作為的回應，已不同於昔日。我們不但失去控制權，而且不知道如何找回這份權力。到最後，我們所從事的行業又會達到新的平衡狀態。但到了那個時候，有些企業會變得更強壯些，有些則會衰弱下來，不過，無論如何，**圖表**三所表示的過渡期，一向特別晦暗，危

圖表 3　不同企業狀態之間的過渡期

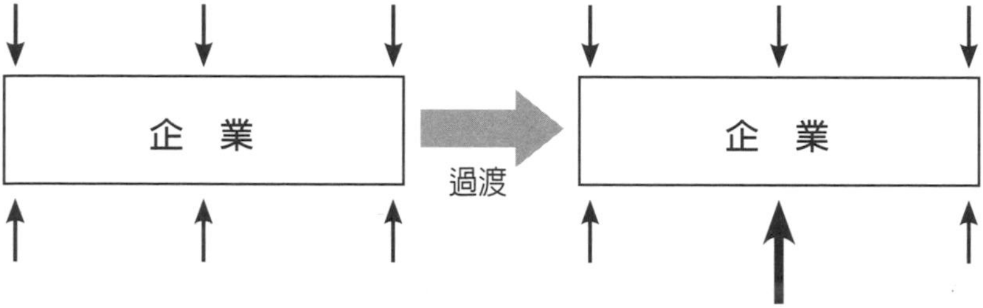

機四伏。

當你要進入這種過渡狀態時，可沒有人會鳴鐘示警。那是一個積漸而至的過程：某些力量開始壯大；而一旦它們壯大了，企業的特質就會轉變。唯一清楚的是開端和終點，其間的過度過程則是漸進的，令人困惑的。

這樣的過度過程，對企業的影響非常深遠。一個企業如何面對它，將會決定自己的未來。這種不同尋常的現象，我稱之為「轉折點」。

策略轉折點

何謂轉折點？在數學上，當一條曲線弧度的變化比率（亦即其「第二導函數」）改變符號（譬如由負號變為正號）時，轉折點就出現了。在物理上，它是曲線由

圖表 4　轉折曲線

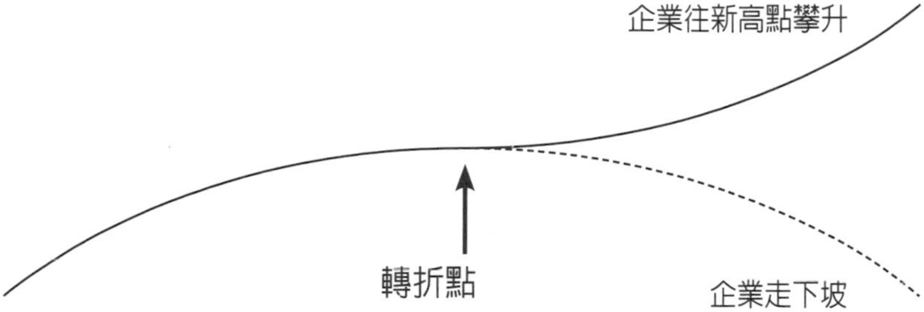

凸面變成凹面或由凹面變成凸面的地方。如**圖表四**所示，它是曲線停止朝特定方向彎曲，開始改朝另一方向彎曲的那一點。

在企業經營上，情況亦復如此。轉折點出現之處，正是舊的經營環境消失，新的環境取而代之，你的企業有機會往新高點爬升的時候。但是，如果你無法順利通過轉折點，企業便會在越過高峰之後往下滑落。當企業主管陷入迷惑之中，感嘆道：「情況不一樣了，事情變了。」他所面臨的便是這樣一個轉折點。

換言之，轉折點即是舊的結構、經營手法及競爭方式，轉變為新的結構、手法和方式，各種力量的均勢發生巨變的時候。在轉折點來臨之前，你所從事的其實是老舊的行業。在轉折點之後，它便像是全新的行業了。曲線在轉折點的變化，雖然幽微難辨，卻深刻而強烈，並且絕不回頭。

策略轉折點出現的時間究竟是什麼時候？即使是事後回顧，我們也很難明確指出那個時間點。且設想你和一票朋友到野外徒步旅行，中途迷路了。某個平素就喜歡瞎操心的傢伙，多半會率先問領隊：「我們是不是迷路了？你真的知道我們這樣子會走到哪裡去嗎？」起先，領隊根本不加理睬，兀自往前走。但是，不久，看不見小徑路標或其他熟悉的記號，將會引起更大的不安。終於領隊勉強停下了腳步，搔搔腦袋，滿不情願地承認：「夥伴們，我想，我們是迷路了。」在企業經營上，相當於這個時刻的即是策略轉折點。

但是，如果連事後回顧都很難明確指出轉折點的所在，我們在經歷那個點的當下，又如何看得出怎麼回事？其實，經歷過轉折點的人，會培養出一種判斷力，在某些時候可以察覺到狀況不對勁。其情況一如徒步旅行的人，在某些時候會心生狐疑，擔心自己迷失了方向。

一旦處於轉折點之中，公司內部常常不乏激烈的爭論。某個傢伙會說：「假如我們的產品性能再好一點，或成本再低一點，就不會有問題。」他這話可能有部分道理。另一個傢伙會說：「這不過是經濟遲滯的結果。只要資本支出回升，我們就會恢復成長。」他說的也可能沒錯。還有一個傢伙，剛參加某個商展回來，滿臉困惑，心中慌亂。他說：「這整個行業都瘋了。瞧，人們今天是怎麼使用電腦的！」可惜，恐怕沒什麼人會正眼看他。

然則，我們怎麼知道某些狀況就是策略轉折點？

這樣的認知，多半時候是一步步形成的。

首先，你心中煩亂，察覺一件事情不一樣了：以前可以如此如此運作的事，現在行不通了。客戶對你的態度變了。擁有光榮歷史的研發部門，似乎不再能開發什麼好產品。你一向沒看在眼裡或根本不清楚的競爭對手，正靜悄悄地侵蝕你的生意。有幾次商展都顯得相當怪異。

然後，你發覺，公司自以為在做某些事，在公司最深最深的內部實際發生的卻是另一回事。公司的正式說法和實際行動之間的這種出入，所暗示的絕不只是你早已學會忍受的「正常的混亂」。

終於，一個新的架構、一系列新的認識和行動出現了。這就彷彿那一票迷失的徒步旅行者再度找到了方向（這可能會耗去你一年，甚或十年的光陰）。最後，公司提出新的正式聲明——通常是由一批新的高階主管提出的。

其實，情況可能比徒步旅行迷失了還慘烈。一路披荊斬棘通過策略轉折點，就好像冒險闖入「死亡之谷」，經營企業的新舊方式之間的過渡階段充滿危機。身為主管，你固然心知有些同伴恐怕無法走到另一端，仍然只能往前邁進。高階主管的任務是不計傷亡，也要勉力往那個模糊的目標前進，而中階幹部的責任便是支持這項決定。此外，別無選擇。

在過程中，同一個團隊的人將會對何者為正確方向持不同意見，並因此分裂。過不了多久，每個人都會了解到，其中的風險異常地高。人們對不同意見所抱持的態度，將會越來越暴烈，越堅持，越認真。總之，人們已經挖了戰壕，堅持己見猶如堅持宗教信條。於是，在一向以和諧而有建設性的方式運作的公司，聖戰爆發了。只見工作夥伴針鋒相對，長期友人反目成仇。高階主管原來的職責，包括確定方向、提出策略、鼓舞團隊、激勵員工，都越來越難進行。中階幹部的職責，包括執行政策、與客戶交涉、訓練員工，也變得非常困難。

既然轉折點是不可捉摸的，你怎麼知道在什麼關頭，採取什麼適切行動，做出什麼正確改變，才能挽救你的公司或事業呢？不幸得很，你不知道。

但你不能等到知道了才行動。時機即一切。如果你在公司依然健康，目前的生意還能形成一個防護罩，容許你實驗新的經營方式之際，做出改變，你或許就有機會盡可能保留公司的元氣，挽救你的同僚，維護你的策略位置。不過，這表示你是在許多狀況都不清楚，許多數據都還沒有到手的情況下採取行動。有時，即便是篤信科學方法的人，也只能倚賴直覺和個人判斷。

一旦身陷策略轉折點的狂亂之中，不幸的是，你唯一賴以度過難關的便是直覺與個人判斷；幸運的是，即便那判斷可能使你身陷險境，它也可能協助你脫困。你必須訓練自己的直覺，聽取不同的信號。這些信號可能向來就在那裡，只是你聽而不聞，予以漠視。面對策略轉折點，該是你警醒過來，仔細聆聽的時候了。

3 形變：電腦業

產業結構中越成功的公司，越難應變

——「不只運算的基礎改變，競爭的基礎也改變了。」

一九八〇年代剛開始的時候，

舊式的電腦公司仍然體魄健壯，充滿活力。

IBM曾經預測，到八〇年代末，

該公司的營業額將可以高達上千億美元。

但就在八〇年代末，許多大型垂直整合式電腦公司

不得不大幅裁員，並調整自己的體質，

而新型態的電腦業者紛紛冒出頭來。

各種競爭力量的變化，最為棘手的，是其中一個力量變得異常巨大，進而改變了某個行業的經營本質。這種情況，在歷史上殷鑑頗多，如鐵路徹底改變了運輸業；在當代也不乏其例，如大賣場取代了小零售商。無論發生在哪個行業、哪個地方、哪個時代，這類事例的動力原理及其所帶來的教訓，似乎都是一樣的。

在這裡，我將詳細討論我個人最關心的事例，藉以闡明這到底是怎麼一回事。當電腦可以以一部簡單的、不難取得的微處理器為主要元件製造出來，從而個人電腦出現在舞台上，它所帶來的成本效益輕而易舉地較先前的電腦運作提升十倍之多。在五年多的時間裡，電腦操作的成本減少了百分之九十。這是前所未見的比率。如此巨幅的改變，對電腦業造成了深遠的影響。

在策略轉折點之前

過去，電腦產業是以垂直方式整合的。如**圖表五**所示，舊式的電腦公司擁有自己的半導體晶片裝置，根據自己的設計，在自己的製造廠，以自己的晶片為元件，製造自己的電腦，並開發自己的作業系統軟體（這種軟體是任何電腦得以運作的基礎），

圖表5　舊的垂直整合式電腦業

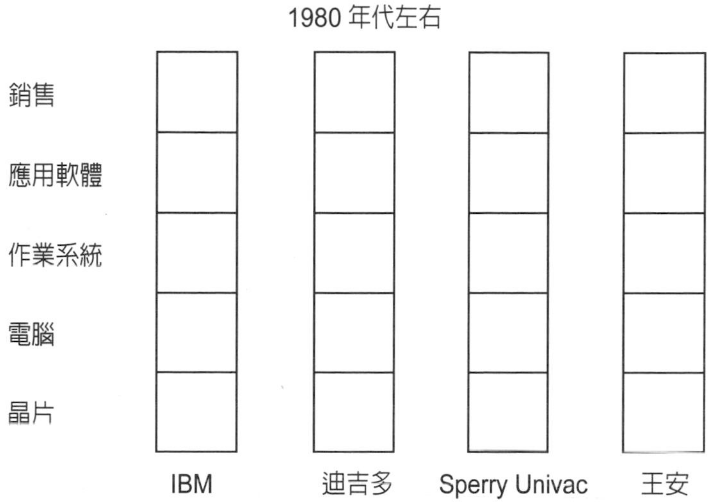

銷售自己的應用軟體（處理應付帳款、班機票務、百貨公司庫存管理等諸如此類任務的軟體）。如此，這家公司自己的晶片、電腦、作業系統、應用軟體整合起來，構成一整套商品，由自己的行銷人員銷售出去。這就是我們所謂的垂直整合。請注意，在上述說明中，「自己」一詞是多麼常見。事實上，我們可以說，「專屬」（Proprietary）正是舊式電腦業的代名詞。

於是，在這個產業中，一家公司是一個垂直式專屬集團，與其他公司的垂直式專屬集團競爭。銷售人員所銷售的是公司以垂直方式整合起來的產品，而他們推銷的對象（客戶），則必須在某公司的專屬系列產品及其他公司的專屬系列產品之間做選擇。

這種產業結構有其優點，也有其缺點。優點是當一家公司開發出自己的晶片、硬體與軟體，並由自己的人手銷售和提供服務，所有的組成部分易於形成嚴密搭配的整體。缺點是作為客戶，一旦你購入一個專屬的產品組合，你就被它「綁」住了。假使出現一個什麼問題，你無法只拋棄垂直式整合中的某個部分；你必須放棄整個組合，而這可是一件大事。因此，垂直式電腦公司的客戶多半會長期使用他們一開始選擇的系列產品，不輕易更換。在這種情況下，不用說，各電腦公司爭取客戶一開始就選擇其產品的競爭是極端激烈的。凡能在第一仗打贏的公司，就可享有長期利益。電腦業以這種方式運作了幾十年。

然後，微處理器登上舞台，緊隨而來的便是個人電腦的十倍速力量。這十倍速力量之所以出現，是因為科技現在已經有能力以一個晶片取代過去的許多晶片，而且作為個人電腦主要元件的微處理器可用來製造各種不同的個人電腦。當微處理器變成整個產業的基石，大量生產的經濟型態就遽然來臨了，且製造電腦的成本效益變得非常高，使ＰＣ成為極具吸引力的家用與商用工具。

經過一段時日，電腦產業的結構整個改變了，轉化為新的水平分工式產業。在新的運作模式裡，沒有任何公司擁有專屬的產品系列。消費者可以在電腦零售商或大型賣場的晶片櫃台挑選某個晶片，從電腦櫃台挑選某個電腦製造商的產品，從作業系統櫃台選擇某個系統，並從架上的現貨中挑選某種隨時可以安裝使用的應用軟體，然後把這一批東西一塊兒帶回家。接著，消費者啟動它們，希望這些東西可以互相搭配，妥善運作。為了使所有這些東西運作起來，他可能會遇上一些麻煩。但他會忍受這些麻煩，並多下一點工夫去調整、校正，因為他不過花了兩千美元，就買下了過去必須以十倍於此的價錢，才可能從垂直式產業購得的電腦系統。忍受一點麻煩，然後就可以享用這個現代的工作利器，正是這種新模式吸引人的地方。於是，過不了多久，電腦產業的整個結構為之改變，**如圖表六**所示的新的水平分工式產業出現了。

在這個圖表中，水平欄位代表營業範圍與競爭場域。在晶片欄，英特爾微處理器架構供應商，與生產RISC（精簡指令集運算）架構，或其他類型微處理器的摩托羅拉（Motorola）等其他公司競爭。在電腦欄，許多電腦製造商，如康柏（Compaq）、IBM、派克貝爾（Packard Bell）、戴爾（Dell）等，提供基本的電腦設計。儘管這些電腦公司的工程師，為了爭取市場，會多少改良基礎設計，但這些不同品牌的電腦基

圖表 6　新的水平分工式電腦業

1995 年左右

銷售	零售店	大賣場	經銷商	郵購		
應用軟體	Word	Word Perfect	其他			
作業系統	DOS 及 Windows	OS/2	麥金塔	Unix		
電腦	康栢	戴爾	派克貝爾	惠普	IBM	其他
晶片	英特爾架構	摩托羅拉	RISC			

（說明：本表各種廠牌、產品或銷售管道在水平欄位中所占的空間，並不代表他們的市場占有率或影響力。各種空格的大小不同，只是為了方便製表，無關任何比例。）

本上大同小異。

在作業系統欄，也有一些不同類型的產品。一九八〇年代，微軟的早期作業系統DOS（磁碟操作系統）占盡優勢。到了九〇年代，DOS已修正得較易使用，而Windows（視窗）也登上舞台，與IBM的OS／2（第二代作業系統）、蘋果公司的麥金塔（Mac）作業系統，及若干以Unix（多用戶分時作業系統）為基礎的作業系統競爭。

只要到附近的電腦店去逛一圈，就不難了解，各式各樣的應用軟體正百家爭鳴似地爭取架上空間及顧客：試算表、文字處理、資料庫處理、行事曆等。在最下游，電腦產業的銷售管道也已變得極為多元：零售店、大賣場與經銷商互相競爭。它們各販賣若干家廠商的電腦與軟體，恰似許多雜貨店販賣不同品牌的牙膏。

如此，經過八〇年代，電腦業已經由垂直整合改為水平分工的運作模式。首先，電腦個人用戶轉向PC；接著重要的大規模電腦運算工作也開始改以PC完成。一段時日之後，如**圖表七**所示，整個電腦產業的結構轉變成水平式結構。

即便是如今事後回顧，我仍然無法明白指出電腦業的這個轉折點究竟發生於何時。是在八〇年代早期，PC剛出現的時候？抑或八〇年代後半期，以PC科技為基礎的網路開始增加的時候？這實在很難說。不過，我們可以明白指出：八〇年代剛開始的時候，舊式的電腦公司仍然體魄健壯，充滿活力，且持續成長。IBM曾經預測，到八〇年代末，該公司的營業額將可以高達上千億美元。但就在八〇年代末，許多大型垂直整合式電腦公司不得不大幅裁員，並調整自己的體質，而新型態的電腦業者紛紛冒出頭來。我忍不住聯想到在電腦螢幕上，一個人從某一張臉「形變」（morphing）為另一張臉的情形：一張臉在不知不覺中逐漸消融，而另一張臉卻同時逐漸成形。你無法精確地指出第一張臉消失，第二張臉取而代之的時刻。你只知道在一開

圖表 7 電腦業的轉型

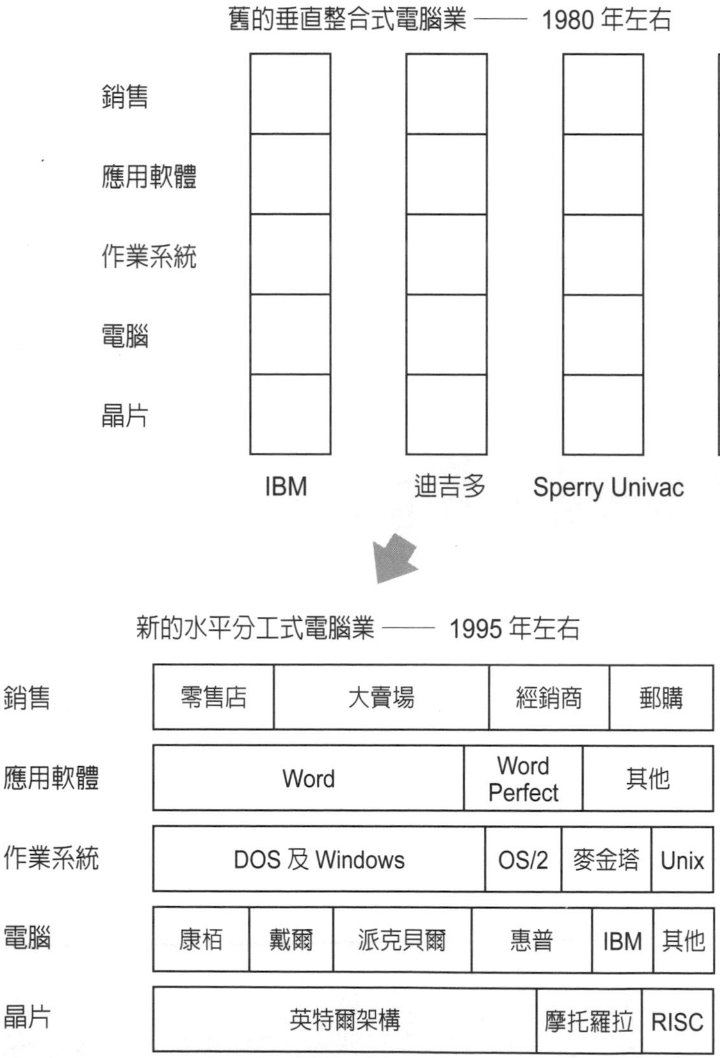
舊的垂直整合式電腦業 —— 1980 年左右
銷售
應用軟體
作業系統
電腦
晶片
IBM
迪吉多
Sperry Univac
王安
新的水平分工式電腦業 —— 1995 年左右
銷售
零售店
大賣場
經銷商
郵購
應用軟體
Word
Word Perfect
其他
作業系統
DOS 及 Windows
OS/2
麥金塔
Unix
電腦
康栢
戴爾
派克貝爾
惠普
IBM
其他
晶片
英特爾架構
摩托羅拉
RISC

始是某一張臉，到最後是另一張臉，卻怎麼也說不出兩個形象之間的分際點。即使是事後回顧，對於電腦業的變化，你所能看到的也就只是這樣。

隨著轉型過程的日益深化，曾經在昔日垂直式電腦產業中盛極一時的公司，發現日子是越來越難過了。在此同時，新秩序卻提供了新的機會，讓新的電腦業者得以快速成長，成為市場主力。於是康柏年收入高達十億美元，成為《財星》雜誌上最快速成長的五百大公司之一。康栢了解新產業的運作原理，並因為順應時勢，而日益壯大。許多其他公司亦然，如戴爾（Dell）和網威（Novell）。此中詳情，稍後我會再多談一點。

在策略轉折點之後

改變的不只是電腦運作的基礎，競爭的基礎亦然。如今，同處於一個營業範圍與競爭場域的水平欄位，競爭者努力爭取該欄位中最大的空間。此種運作模式的力量，來自大量生產與大量銷售。獲勝者勢必日趨強大，而落敗者也將越來越萎縮。

一九八一年後，當ＩＢＭ選擇英特爾架構為其ＰＣ的微處理器，英特爾就持續壯大，成為最大的微處理器供應商。然後，在晶片層面以上的電腦業者（即電腦製造商和作業系統廠商）發現，以英特爾微晶片為基礎元件，在經濟上將享有更大利益。理由很簡單：英特爾微晶片的產量領袖群倫。如果你以量上的領先者為經營指標，你自己也可以拿到更大的生意。

接著，開發應用軟體的廠商也以作業系統的市場占有率為指標，逐漸摒棄市場占有率較小的作業系統，改以微軟的Windows為基礎研發各種產品。這種趨勢，進一步提升了英特爾微處理器和微軟作業系統的優勢。

電腦業由舊模式轉型至新模式，並非一夕之間的事。轉型期實際上長達數年，經歷了許多小步驟：ＰＣ取代了大型電腦，贏得使用者的青睞；程式設計師轉移了他們的注意力；老牌軟體公司日漸萎縮，新進軟體公司則日益狀大。就在數年之間，數以千計的個別事件構成了一個驚人的大轉變。

為了進一步了解這種從垂直式產業結構到水平式結構的轉變，對當時的大型電腦公司所造成的衝擊，我們不妨看看昔日業界的龍頭老大ＩＢＭ的情況，而且從ＩＢＭ本身的觀點來看。

首先，當以微處理器作為基礎元件的個人電腦逐漸取代大型電腦的工作，ＩＢＭ

的成長即隨之逐漸遲滯下來。更嚴重的是，IBM的體質顯然無法適應新的形勢。IBM的成員，是歷經數十年，在垂直式電腦業的戰場上一次又一次打贏仗的菁英。經營IBM的經理人，是在這樣一種世界裡成長的。他們之所以出類拔萃，便是因為他們擅長在這樣的架構下開發產品，與別家廠商競爭。由於長期以來的成功，他們賴以在垂直式產業中占上風的思考模式和本能，已變成根深柢固的習性。因此，產業結構雖然已經改變，他們仍試圖運用昔日曾經奏效的思考模式，對付產品研發與競爭等問題。

IBM將它的新一代個人電腦作業系統取名為OS／2，固然是一件極單純的事，卻已足以說明，他們根本未能掌握水平式產業的意義。OS／2於一九八七年推出，恰與IBM名為PS／2（第二代個人系統）的新個人電腦系列同時。於是，IBM的本意固然未必如此，卻已在市場上造成OS／2只用於PS／2電腦的印象。別的不說，光是這個印象本身，就足以局限OS／2的發展——畢竟大部分個人電腦都出自IBM的競爭者，而非IBM本身的產品。

事實上，IBM的困境並不止於此。經過相當長的一段時間，IBM才對OS／2做了必要的修正，使它能夠在別家廠商的電腦中運作。也是經過了一段時間，ＩＢＭ才開始向別家電腦廠商（它的競爭對手）促銷其作業系統，巴望那些廠商將ＯＳ／2載入他們的電腦，一如他們對DOS和Windows的做法。

事有湊巧。ＩＢＭ一位既參與ＰＳ／2計畫，又涉及ＯＳ／2業務的經理，有一回試圖說服另一家製造個人電腦的大廠商採用ＯＳ／2作為其ＰＣ系列的作業系統時，我正好在場。這是我所見過最奇怪、彆扭的一次促銷會談。基本上，這兩位當事人把自己當作ＰＣ市場的競爭對手。於是，ＩＢＭ經理的首要任務雖然是推廣ＯＳ／2，當他嘗試向競爭者推銷時，情感上卻無論如何都放不開。同時，另一家電腦廠商的代表，也極不願意在作業系統這樣重要的科技上，倚賴他在ＰＣ市場上的競爭對手ＩＢＭ。整場對話可以說彆扭、緊張極了。生意當然沒談成。至今，ＯＳ／2在電腦界仍未能普及。

很清楚，舊世界已經成為過去，事情已經變了，在早先的產業結構中越成功的公司，應變的過程越艱難。

贏家和輸家

一旦某個行業遭遇策略轉折點，古老技藝的專家就可能陷入困境。新的形勢也會發生新的機會。有些甚至不曾從事該行業的人，說不定會因此趁機加入，成為這一行的要角。

前面我已經以康栢為例，指出電腦公司是可能在投入新的水平式產業後迅速成長的。康栢原來的經營模式是追隨ＩＢＭ，製造與ＩＢＭ相容的個人電腦。但是，一九八五年，新微處理器的推出提供了一個搶占市場的機會。康栢抓住了這個機會，超前ＩＢＭ，成為全球最大的ＩＢＭ相容個人電腦廠商。

另有一些人，根本就生長於新世界，不受舊觀念與規則的束縛。八〇年代初，麥可・戴爾（Michael Dell）開始在德州大學的宿舍裡自己組裝電腦，出售給朋友。基本上，在水平式ＰＣ產業中，客戶對低成本標準電腦系統的需求，已經是他可以善加利用的資源。後來，戴爾根據自己的這段經歷，創立了一家公司。他經營這家公司的基本假定便是：別的人也和他的大學同學一樣，會想要擁有專門為他們的特有需求設計的電腦，並透過直接的管道取得——戴爾的做法是客戶以電話訂貨，他以郵寄包裏送貨。在過去的電腦業界裡，根本沒有人會想到以郵購方式銷售電腦。當時，在人們眼中，這是極其怪異的行徑。他們認定，就像狗不會飛一樣，人們也不會去買郵購電腦；起碼在舊世界的秩序裡，人們不會幹這種事。

今天，位於德州奧斯汀（Austin）的戴爾電腦公司，每年營業額高達五十億美元，而且仍然堅持最初的做法，依據個別購買者的特有需求組裝個人電腦，並透過郵購銷售。事實上，只有在電腦已變成低成本、大量生產、大量消費的商品時代，戴爾的做法才可能行得通。

在新的水平式電腦產業裡，排名前十大的廠商幾乎無一來自舊日的垂直式電腦產業。這個現象恰足以證實我們的觀察：產業結構一旦迥異於昔日，原本經營得頗為成功的公司確實很難適應。

但有些電腦業者卻能改弦易轍，自我改造，放棄舊產業結構的規則，順應新結構。在八〇年代早期，當轉型的速度尚未加快，曾是垂直式大廠商的安迅（NCR）最早體認到改變的力量——至少是最早有此體認的廠商之一。於是，在被AT&T（美國電話電報公司）購併之前，它以數年時間，將整個電腦系列改裝到漸趨普及的微處理器上。安迅放棄了自己的專屬晶片和硬體設計，大幅修改了自己的軟體，以便原本只在自己的專屬架構上運作的設計，可以在到處有現貨供應的微處理器上執行。

優利系統（Unisys）係由兩家獨立的電腦公司史派立（Sperry）與寶來（Burroughs）合併而成，是垂直式產業結構裡的大廠商，營業額達數十億美元。當策略轉折點對垂直式公司帶來毀滅性的衝擊，它也陷入困境。於是，曾經以設計一流電腦而自豪的優利，將經營重點轉向軟體與技術服務，支援水平式電腦業的產品。這表示，它承認，它無法對抗橫掃整個電腦業的改變，因此只能順應時勢。

有些調適的例子更具戲劇性。八〇年代初，網威不過是一家小公司，只知依循老規則運作，製造硬體，並開發只在自己的硬體上執行的電腦軟體。它當然也遭遇了困境。網威當時的領導人諾達（Ray Noorda），事後常提起當年的往事。他說，要想出度過困境的方法其實也不難，只是他們根本沒錢繼續支付供應商。於是，為了不用再為帳單操心，他們放棄了製造硬體的生意，專注於軟體開發。接著，他們更進一步針對價格便宜的標準PC開發各種軟體。由於迅速改變經營模式，網威得以在新的水平式產業裡的網路領域捷足先登，而在八〇年代結束之前，就成為營業額高達十億美元的軟體公司。

從網威的例子，我們學到了重要的一課。作為硬體製造商，網威的生產規模太小，遂陷入逆境；但由於率先推廣在ＰＣ之上執行的網路軟體，並在逐漸壯大的網路市場占據重要位置，它讓原本**不利於**自己的因素（生產規模），轉變成對自己**有利**的因素。於是，輸家變成贏家。

事實上，從上述的例子，我們還學到兩個教訓。首先，當策略轉折點橫掃某個行業，在舊結構中經營得越成功的企業所遭遇的威脅通常越大，它們調適的腳步也越遲鈍。其次，新投入一個產業結構已經固定下來的行業，挑戰地位業已穩固的企業，其代價可能非常高。但是，當既有結構已經傾圮，加入該行業的代價可能就變得微不足道了。前述的康栢、戴爾和網威，便是在這種情況下，從不起眼的小角色變成大企業。這幾家公司的共同點，是它們全都直覺地依循水平式產業的成功法則運作。

水平式產業的新規則

水平式產業自有其迥異於垂直式產業的遊戲規則，而成敗關鍵就在大量生產與大量銷售。在競爭慘烈的水平分工結構中，對於這些隱含的規則的意義，表現優異的公司應已心知肚明。遵循它們，你就有機會與人競爭並日益興盛。抗拒它們，不論你的產品多好，執行計畫的成績多理想，你公司的處境必然如同逆風而行。

這些規則是什麼？可歸納為三條。

其一，刻意求異，卻沒有造成任何實質差異的事，不要做。有時，你改善某個設計，目的只在勝出競爭對手一點，你的客戶卻未從中獲取實質的利益。這種事，請避免。在個人電腦發展史上，廠商表面上為了追求進步，製造「更好」的PC，因而脫離主流標準，招致失敗的前車之鑑，歷歷在目。其實PC的好壞與相容性的關係密不可分，所以以「不同」作為「更好」是自相矛盾的。

其二，在高度競爭的水平式結構裡，當某個科技上的突破或其他重大變化出現在你面前，表示機會已在敲你的門。請抓住機會。最先採取行動的人，也就是別人還猶豫不決時率先起步進發的公司，才能真正在時間上領先競爭者。而在這樣的行業裡，時間優勢是市場優勢的最佳保證。反之，凡是試圖抗拒新科技浪潮的人，即使非常努力，也必然會因為坐失良機而面臨失敗。

其三，請依據市場所能接受的程度為你的產品定價，並採取以量制價的策略，然後請拚命想辦法降低成本，直到你能夠以這樣的定價賺取利潤。這種策略必然導致量產量銷的規模經濟型態（economies of scale）。成為大量產品的供應商，你就有機會分攤掉成本，並收回成本。因此，必要的大投資終將證明是有效和有利的。相反的，依據成本定價，將導致你只能掌握特定利基；而在以量產為基本經營型態的行業，這是不太有利的經營模式。

我認為，這些規則可以普遍適用於水平式的產業。我也認為，整個工商業界正普遍朝水平式結構發展。當某個行業的競爭越來越激烈，許多公司就可能被迫撤回自己最占優勢的主要據點，專攻一門，以求成為該領域的第一流廠商。

為什麼會這樣呢？

舉例而言，垂直式電腦公司**既**必須生產自己的電腦平台，又必須生產自己的作業系統**及**軟體，但水平式電腦公司只需生產一種產品──電腦平台、作業系統**或**軟體。由於專業分工已成趨勢，水平式產業的成本效益將會遠高於垂直式產業。簡言之，在好幾個領域成為一流廠商，通常比在單獨一個領域表現傑出難。

當產業結構由垂直模式轉化為水平模式，每一家公司都必須設法通過策略轉折點。然後，與日俱增地，越來越多公司必須依循這些規則運作。

4 NeXT 與卓別林的故事

你是如何面對策略轉折點的？

「策略轉折點不是高科技產業才有的現象，
也不是發生在別人身上的事。」

策略轉折點無所不在，
既非當代獨有的現象，也不局限於高科技產業，
更不是什麼不可能發生在自己身上的事。
無論在哪個領域，一旦經歷轉折點，
就會有贏家與輸家。
策略轉折點帶來希望，也帶來威脅。
業已形同陳腔濫調的警句：「優勝劣敗，適者生存。」
其真正的意義就在這裡。

如果有一家沃爾瑪商場（Wal-Mart）進入小鎮，鎮上每個零售商都會面臨天搖地動的處境。換言之，某個十倍速因素已經來了。當電影的有聲科技日漸普及，每個默片演員都親身體驗到科技變遷的十倍速力量。當貨櫃航運業務顛覆了原來的航運型態，全球主要港口都在一個十倍速因素的影響下面臨重整。

每天讀報，如果時常配戴一副「十倍速眼鏡」，將不難發覺潛在的策略轉折點。橫掃全美國的銀行購併風潮，會不會涉及某個十倍速變化？迪士尼購併ABC（美國廣播公司），或時代華納公司與透納傳播集團合併，是否暗示某個十倍速力量的到來？AT&T自行解體呢，會不會也透露著什麼信息？

以下數章，我將會討論策略轉折點出現時常見的反應與行為模式，以及對付轉折點的策略與技巧。本章的目的則是蒐羅各種實例，觀察不同行業出現轉折點的情況。借鑑於別人的痛苦經驗，可以提升自己的辨識能力，早日覺察即將影響我們自己的轉折點。而及早覺醒乃是通過考驗的最佳保證。

由於大多數策略轉折點，均源於影響企業競爭力的某個因素發生十倍速變化，在這裡我大抵上利用波特教授的競爭力分析架構來進行討論。我所討論的轉折點實例，其起因包括競爭力量的十倍速轉變、科技力量的十倍速轉變、供應商力量與協力業者力量的十倍速轉變，乃至於某些規範制度的成立或廢止所引起的十倍速轉變。面對到處可見的十倍速因素，我們不禁要問：「是否任何策略轉折點都關係到一個十倍速轉變？」「所有的十倍速轉變都會導致策略轉折點嗎？」我認為，實際上，這兩個問題的答案都是肯定的。

十倍速變化：競爭對手

除了競爭者，還有超強競爭者。一旦超強競爭者出現，那就是一股十倍速力量，整個行業的形勢隨即為之改變。有時，這超強競爭者面貌清晰，極易辨識；下述的沃爾瑪商場即其例。但有時，超強競爭者是靜悄悄地欺到你身後。這強敵做生意的方式迥異於你熟悉的那一套，卻足以誘走你的顧客。下述NeXT所面臨的狀況，便是著例。

◆席捲小鎮的沃爾瑪商場

對小鎮的任何一家百貨店來說，鎮上新開張的沃爾瑪商場，猶如其他家百貨店自然也是競爭對手。但沃爾瑪商場所帶來的，不只那家新店面，還有一套優異的「及時」後勤系統、利用現代掃描器與衛星通訊的倉儲管理機制、來往於店面與轉運中心之間不斷更新及補充存貨的貨車、大量進貨的採購成本、全公司上下有系統的訓練計畫，以及一套敏銳而精確的選擇開店地點的辦法（沃爾瑪商場藉此找出競爭力量較薄弱的地區）。這一切，加起來就構成了一個十倍速因素。相對之下，百貨店昔日所面對的競爭對手就不算什麼了。因此，對小鎮百貨店而言，一旦沃爾瑪商場入侵，世界就變了一個樣。

事實上，力量遠遠比你大的競爭對手一旦出現，你就非求變圖存不可。以前行得通的做法，如今多半已經失效。再不變通，便是墨守成規，無濟於事。

那麼，怎樣做才能與沃爾瑪商場抗衡呢？專業化或許是一條出路。區隔市場，專業進貨，只服務某一群特定的消費者，一如「家得寶」（Home Depot）、「辦公室補給站」（Office Depot）、玩具反斗城及其他類似的「專門店」所做的那樣，便可以彌補經營規模全面失衡的缺憾。對顧客提供個別服務是另一條途徑；辦公用品連鎖店史泰博（Staples）建立全面而精細的電腦化顧客資料庫，便是為了達到這個目標。另外，「美化」經營方式，除商品之外，也提供令顧客喜愛的「環境」，可能也是個辦法。例如，面對連鎖書店引進沃爾瑪商場經營模式所帶來的挑戰，有些獨立書店便將自身改造成販賣書籍的咖啡屋。

◆NeXT軟體公司

史帝夫・賈伯斯（Steve Jobs）與人合作創立蘋果公司時，他締造了一個極端成功的高度垂直整合個人電腦公司。蘋果製造自己的硬體，設計自己的作業系統軟體，開發自己的圖形使用者介面（使用者開始操作電腦時，在電腦螢幕上所看到的東西）。他們甚至嘗試研發自己的應用軟體。

賈伯斯於一九八五年離開蘋果之後，決心開創的實際上是一個相同的成功故事。只不過這一回他想做得更好。即使光從新公司的名稱NeXT，我們就可以了解，他渴望創造設計卓越的「新一代」硬體、比蘋果麥金塔介面優秀的圖形使用者介面，以及能夠比麥金塔承擔更先進工作的作業系統。依照他的構想，新電腦的軟體設計方式，應能讓使用者不須重頭改寫程式，便可以自行重新安裝既存的各種軟體，使它們符合自己使用上的獨特需要。

賈伯斯計畫將這些硬體、基本軟體、圖形使用者介面組合起來，開發出獨創一格，自成一類的新一代電腦系統。這個計畫雖然耗費了數年光陰，倒也逐漸接近完成。NeXT電腦及其作業系統基本上實現了上述所有目標。

然而，賈伯斯全神貫注地進行規模宏大、複雜的研發工作時，卻忽視了電腦產業的基本發展方向，一個終將使他的大部分努力付諸東流的大趨勢。正當他和手下員工夜以繼日地研發其優異而漂亮的電腦時，一種大量生產、隨處可見的圖形使用者介面——微軟的Windows——已經轟轟烈烈地上市了。論品質，Windows甚至比不上麥金塔，更遑論與NeXT介面比較；同時，Windows也無法完善地搭配各型電腦與各種應用軟體。但是，它便宜，夠用；而且，最重要的是到了八〇年代後期，已有數以百計的電腦廠商生產個人電腦，而Windows就裝載於價格不高，聲勢日益壯大的個人電腦之上。

當賈伯斯埋首於NeXT公司，焚膏繼晷地工作，外面的世界已經變了。賈伯斯開始研發NeXT電腦時，心目中的競爭對手是麥金塔。在他眼中，PC根本不算一回事。我們應當記得，當時的PC並沒有任何容易使用的圖形介面。

但是，在NeXT電腦系統歷經三年研發，終於可以亮相的前夕，微軟持續投注於Windows的心血也已開花結果，並且即將翻修整個PC環境。一方面，Windows擁有一個圖形使用者介面，因而與麥金塔有雷同之處。另一方面，它依舊保留PC的基本屬性，運作於全球有數百家廠商生產的個人電腦。數百家廠商激烈競爭的結果，這些電腦遠比麥金塔便宜。

史帝夫．賈伯斯及其工作夥伴當年開始研發 NeXT 電腦時，就彷彿住進了一個與世隔絕的「時間膠囊」。然後，他們埋頭苦幹，辛勤工作了三年，與心目中的假想敵競爭。但是，等到他們打開膠囊走出來時，卻遽然發現，競爭者是一個全然不同，威力更強大的對手。儘管先前絲毫沒有察覺，NeXT 此刻也已發現，它正處於一個策略轉折點。

NeXT 的事業從未起飛。儘管投資者不斷挹注資金，NeXT 卻只會大把大把地花錢。他們堅持採取最尖端的軟體研發作業程序、昂貴的電腦研發作業方式，再加上一個全自動化的工廠，以便大量生產 NeXT 電腦——然而大量生產的計畫從未實現。到了一九九一年，公司成立將近六年之時，NeXT 終於陷入財務危機。

公司有些幹部曾主張放棄發展硬體，而將他們最頂尖的軟體產品載入 PC。但賈伯斯強力反對。他不喜歡 PC，認定它們是一些設計拙劣、醜陋的東西，而且許多業者都亂搞一氣，導致大家沒辦法在產品設計上達到某種一致性。總之，在賈伯斯眼中，PC 根本是一團糟。是的，他說的沒錯，PC 是一團糟。但賈伯斯當時忽略了，他所鄙視的 PC 產業的一團糟，正是其威力的展現：無數公司為了搶奪越來越大的市場，遂不斷地出新求異，提高產品價值。

有些幹部倍感挫折，離開了，但他們的想法仍在公司內部繼續發酵。等到 NeXT 的財源日趨枯竭，賈伯斯終於承認，他只能接受醜陋的 PC，在這個一團糟的產業裡尋求出路。他向自己以前一再抗拒的想法低頭了。他結束所有的硬體研發計畫，關閉全新的自動化工廠，並裁掉半數員工。屈服於 PC 產業的十倍速力量，軟體公司 NeXT 於焉誕生。

賈伯斯無疑是個人電腦業的天才型先驅。才二十歲，他就看到，在未來十年，電腦將發展成營業額上千億美元的全球性產業。但是，十年後，他三十歲，卻被過去的觀念與經驗束縛住了。過去，「偉大得不得了的電腦」（insanely great computers，這是他喜歡掛在嘴上的話）在市場上曾經威風八面。別的不說，相對於 PC 軟體的笨拙，圖形介面本身就是一個威力強大的優勢。但後來形勢改變了，他的許多幹部都已覺悟，他卻很難捨棄自己曾經熱切追求，並因而成為個人電腦業先驅的信念。只有等到他的事業面臨存亡關頭，現實才終於戰勝信條。

十倍速變化：科技

科技恆常在變。打字機越來越好，汽車越來越好，電腦也越來越好。這種改變多半是漸進的：競爭對手改善了某個產品，我們有所因應，進一步予以修正；接著對方又有所因應，如此不斷進展下去。然而，每過一陣子，科技總會發生巨幅變化。於是以前做不到的事，現在做得到了；有些事則可以做得比以前好上十倍，或快上十倍，或便宜十倍。

事過境遷以後，事情總是可以看得比較清楚。下面我們就來討論幾個過去科技發生十倍速變化的事例。但就在我寫這段文字的同時，某些科技的發展正在醞釀巨變，其變化的幅度甚至可能遠比過去的事例大，而且事情有可能在未來數年內就發生。舉例言之，數位型態的娛樂形式會不會取代今日我們所熟知的電影？數位媒體會不會取代報紙和雜誌？遠端銀行出現會不會讓傳統銀行成為歷史陳跡？連線電腦的使用如果日益廣泛，會不會全盤改變醫療體制？

當然，不是所有科技的可能發展都會帶來重大衝擊。電動車沒有產生什麼重大影響，商業用途的核能發電技術也沒有。但有些科技上的突破的確已造成深遠影響，有些發展則會在未來發揮威力。

◆有聲電影取代默片

《爵士歌手》（*The Jazz Singer*）於一九二七年十月六日首映時，「事情就變了」。過去，電影是無聲的；如今，電影有聲音。光是這一點質變，許多默片明星和導演的生命都受到了深遠影響。他們有些人順應時勢改變了；有些人試圖調適，但失敗了。還有些人卻堅持舊的做法，在面對重大的環境變遷時，採取拒絕承認的態度，而為了合理化自己的行為，他們質疑為何每個人都想要看「會講話的電影」。

直到一九三一年，卓別林仍在抗拒有聲電影的趨勢。那一年，他在接受採訪時表示：「我認為有聲電影還有六個月好活。」卓別林對觀眾的驚人魅力及其藝術造詣，也使他即便到了三〇年代結束，都仍然能夠拍出成功的默片。然而，即使是卓別林，也無法永遠堅持下去。最後，在一九四〇年的《大獨裁者》（*The Great Dictator*）裡，他終於同意「開口說話」了。

但有些人能夠輕而易舉地就調適過來。葛麗泰・嘉寶（Greta Garbo）在默片時代已是超級巨星。隨著有聲技術的發展，一九三〇年，她所屬的製片廠邀她在《安娜・

克莉絲蒂》（*Anna Christie*）片中演出說話的角色。廣告看板以大字寫著「嘉寶開口了」，在全美各地大肆宣傳。這部電影既叫好又叫座，而嘉寶則繼續開展自己的銀色生涯，成為默片明星成功轉向有聲電影的典型。以如此乾淨利落而充滿熱力的姿勢通過策略轉折點，怎能不叫人艷羨。

不過，電影界能否同樣順利地通過即將來臨的另一個轉折點呢？我指的是數位科技可能帶來的策略轉折點。藉由數位科技，看起來、聽起來都活生生的數位產物可以取代演員。從第一部以新科技製作的劇情片，皮克斯（Pixar）公司的《玩具總動員》（*Toy Story*），我們可以一窺數位科技所可能做到的事。三年後，五年後，乃至於十年後呢，這門科技又能做到什麼程度呢？我猜想，數位科技將會帶來另一個轉折點。科技進展永不止步。

◆航運業的大變動

一如有聲技術改變了電影業，科技也為全球航運業帶來戲劇性與決定性的衝擊。相對於整個航運發展史，十年光陰不過是一瞬間。但就在十年左右的時間裡，造船設計的標準化、冷凍貨運船的出現，以及最重要的，可以輕易裝卸貨物的貨櫃技術的進展，一起為航運業的生產力帶來了十倍速轉變，扭轉了航運成本不斷攀升的趨勢。於是，情勢既已成熟，港口處理貨物的技術也隨之出現突破性的進展。

和電影業的情況相同，有些港口順應時勢改變了，有些則嘗試改變，卻失敗了；還有許多港口則堅決抗拒這股潮流。最後，新科技終於導致全球貨運港的重整。及至我撰寫此書的當下，新加坡的天際線已布滿現代港口裝備的側影，成為東南亞一大航運中心，而西雅圖也變成美國西岸最重要的貨櫃運輸港之一。至於曾經是航運大港的紐約市，則因缺乏容納現代設備的空間，而生意漸趨清淡。那些不能跟上潮流，改採新科技的港口，都有待重新開發，另尋出路——成為購物中心、休閒地區，或濱海住宅區。

每經過一次策略轉折點，就有贏家和輸家。當新科技席捲而來，一個港口是贏是輸，顯然取決於它對其中十倍速力量的回應。

◆PC 革命：拒絕承認現實的教訓

科技發展的一個基本規則是：凡是**可能**的，都**將**成為現實。因此，PC一旦可以用低十倍的成本完成一項任務，遲早就會衝擊並改變整個電腦業。這變化不是一夕之

圖表 8　電腦經濟學（每 MIPS 的成本）

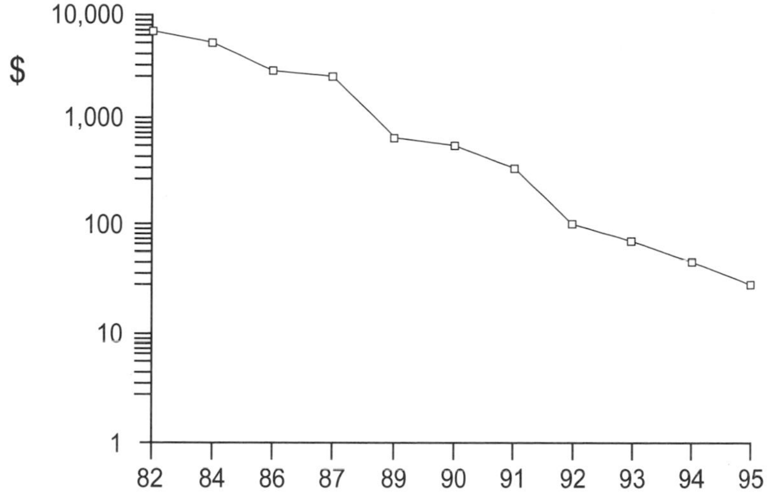

備註：(1) MIPS（Million Instructions Per Second，每秒百萬條指令）是衡量電腦效能的單位。
(2)本表係根據各年在配備齊全的系統上操作的價格所做出的統計。

資料來源：英特爾公司

間的事，乃是漸進而至，如圖表八所示價格效能趨勢（price/performance trends）所告訴我們的。

在電腦業，有些人早已預料到上述趨勢的出現，並推斷以微處理器作為元件的PC的這種價格效能特徵，遲早要出盡鋒頭。於是，有些公司，如安迅和惠普（HP），便著手修正策略，利用微處理器的強大功能。有些公司則予以漠視，一如卓別林對有聲電影的態度。

漠視的態度以各種不同型態出現。一九八四年，當時身為小型電腦龍頭老大的美國迪吉多公司（DEC）領導人，將PC說成「廉價、註定短命、而且不很精確的機器」，口吻像極了卓別林。回顧迪吉多的歷史，這種態度顯得特別諷刺。一九六〇年代，迪吉多投入當時仍由大型電腦宰制的電腦界，推出設計簡單，價格便宜的小型電腦，並以這種策略日趨壯大。然而，等到自己面臨新的科技變遷，曾經扮演革命者角色，攻擊大型電腦世界的迪吉多，卻保守起來，抗拒潮流，行徑竟與大型電腦時代的主流公司無異。

拒絕承認現實的另一例，是IBM管理階層在一九八〇年代末和九〇年代初，言之鑿鑿地將當時IBM所遭遇的困境，歸咎於世界性的經濟低迷，而且就在PC逐漸改變電腦世界版圖的同時，仍然年復一年地繼續怪罪整體經濟環境。

從他們的工作經歷來看，這些電腦界菁英一個個無疑都是既有才華，又富企業家精神的經理人。然則一旦科技變遷導致策略轉折點，何以他們那麼不能面對現實呢？因為他們深居象牙塔內，接收不到外面世界的訊息？或是因為他們都太過自信，認定無論新科技帶來什麼挑戰，昔日他們賴以功成名就的本事，必可讓自己繼續往前邁進？或是因為一旦迎向新世界，客觀上不難預期的嚴重後果，例如不可避免的大幅裁員，是如此令人痛苦，令人難以面對？很難說，但無論如何，他們的反應是如此一致。我認為，這三點都是原因，而最後一點——拒絕面對令人痛苦的新世界——尤其重要。

最近有一則報導，令人不禁想起卓別林最後仍然投向新媒體懷抱的往事：設計克雷（Cray）超級電腦的關鍵人物陳漢卿（Steve Chen），剛成立一家公司，以高效能、標準化的微處理器晶片作為基本元件。克雷超級電腦的驚人成就，令人讚嘆。陳漢卿以前的公司也以製造全世界速度最快的超級電腦為職志，可謂堅守昔日電腦理想的最後一人。過去，他一意迴避新的科技方向；今日，他終於改弦易轍。對這件事，他只是輕描淡寫地說：「這一回，我採取不同的策略。」

十倍速變化：客戶

策略轉折點的諸多成因之中，客戶購買習慣的改變可能是最微妙，最不易察覺的一個。所以如此，是因為這改變是緩慢的。在分析企業經營失敗的前例時，哈佛商學院教授泰羅（Richard Tedlow）指出，經營失敗不外乎兩個原因：其一，企業離開客戶，亦即企業不智地改變一向有效的策略（此為明顯易見的改變）；其二，客戶拋棄企業（此為微妙難辨的改變）。①

試想，當前美國一整個世代的年輕人，在成長過程中已將電腦的存在視為當然。對他們來說，操作滑鼠一點也不神祕，就像他們的父母老早把操作電視開關當作稀鬆平常的事一樣。他們覺得，使用電腦不過是家常便飯。一旦電腦當機，固然令人懊惱，卻也沒什麼大不了。如同他們的父母在某個寒冷的早晨，面對汽車發不動的反應，並沒有兩樣，他們也會聳一聳肩、咕噥幾句、再啟動一次。等這些年輕人上了大學，他們自然而然利用學校的連線電腦做作業，到網際網路上蒐集資料，並透過電子郵件和朋友聯繫，安排週末的活動。

消費品廠商的未來客戶，就是這一代年輕人。除非存心不做他們的生意，否則這些公司必須注意，新生代取得與生產資訊、處理事物，乃至於生活的方式，已經和以前的顧客大不相同。一枚人口統計上的定時炸彈正在滴答作響，聽見了嗎？

◆汽車鑑賞品味的變遷

其實太陽底下無新事，以上所述並不新鮮。在整個一九二〇年代，汽車市場幾乎沒有什麼變化。福特公司針對 T 型車所提出的促銷口號：「我們帶你去，再帶你回來。」具體而微地道出，當時汽車的吸引力在於它是基本的運輸工具。一九二一年，在美國售出的汽車有一半以上是福特汽車。但是，第一次世界大戰結束之後，風格與休閒功能已經成為人們生活中的重要考慮。通用汽車公司的史隆（Alfred Sloan）預見，未來的市場是「多元目的與多元價位」的天下。由於首創多樣化的產品系列，並每年更新車型，不過十年的時間，通用已同時在純益和市場占有率兩方面領先，而且往後六十多年，業績都持續超越福特。通用看到市場的變化，於是決定與時俱進，順應變化。

◆態度的變遷

有時，顧客面的改變只是某種微妙的態度變化，但這種變化卻是不可抵禦的，因而也可能產生十倍速力量。事後檢討，一九九四年 Pentium 浮點處理的缺陷所引發的

① 一九九三年十月七日，泰羅教授在英特爾發表演說時，指出：「好公司之所以遇上壞事，不外三種原因：公司脫離市場，或市場逃避公司，或兩者同時發生。」

顧客反應，代表的正是這樣一種變化。當時，對英特爾而言，顧客面的重心無形中已由電腦製造商轉移到電腦用戶。於一九九一年展開的「Intel Inside」促銷案，已使電腦使用者認定，他們雖然實際上不曾直接向我們購買任何東西，卻是真正英特爾的客戶。這是一種態度上的變化，而且是我們自己促成的，只是身在英特爾的我們並未完全了解這種變化的意義。

Pentium 浮點事件不過是單一事件嗎？用電子業的行話來說，這件事只是「雜訊」嗎？抑或這是某種「信號」，意味著在我們出售產品與提供服務的對象那一方面，已發生重大變化？我認為，是後者。如今，電腦業所服務的消費者會自行決定採購什麼產品，而且他們對電腦產品的要求和對其他家電用品的要求並沒有兩樣。英特爾必須順應這種新的現實，電腦業的其他業者亦然。對我們所有的人而言，環境已經變了。這種改變的好處，是我們每一個業者都擁有遠遠大於昔日的市場；壞處則是這市場也遠比過去我們所熟悉的難以經營。

相信你已領悟其中的重點：在消費品廠商心目中，新生代無疑是人口統計上的定時炸彈；對我們電腦業者而言，他們所帶來的卻是好消息。電腦伴隨著成千上萬年輕人成長，他們早已熟悉電腦，早已很自然地把電腦視為生活的一部分。但是——請注意，禍福相倚，任何一件事都是有利有弊——新生代對電腦產品的要求將會更高，對產品中的任何瑕疵將會更敏感。電腦業的所有業者都已準備好面對這個微妙的變化了嗎？我看，未必。

◆超級電腦的雙重厄運

有時，六種競爭力因素中，發生巨幅變化的不只一種。兩種以上的因素發生變化所導致的策略轉折點，較諸光是一種因素發生變化所導致的轉折點，可能會更為棘手。超級電腦產業的處境恰是一個很好的例子。超級電腦是所有電腦中威力最強大的，可用來研究任何複雜課題，例如核能與氣候型態。超級電腦產業的組織方式，與昔日的垂直式電腦業相似，其顧客面則極端倚賴政府支出、國防計畫與各種大規模的研究計畫。

超級電腦業曾經是美國科技最受珍視的一環，也是美國國防研究的一個骨幹，營業額高達十億美元。然而，冷戰結束之際，兩種因素幾乎同時發生變化：科技上，微處理器漸占上風；另一方面，政府支出緊縮，國防支出不得不隨之縮減。結果，這個一度輝煌的產業突然陷入困境。克雷電腦公司（創辦人賽穆爾．克雷〔Seymour

Cray〕是超級電腦時代的代表人物）因資金缺乏而無法繼續營運，就是一個最為鮮明的例子。克雷公司的遭遇正好也可以說明，前一個時代的明星人物，常常是最後一個順應時代變遷，最後一個向策略轉折點原理屈服的人，也因而通常跌得比多數人慘。

十倍速變化：供應商

我們常常把供應商的存在視為理所當然。我們總覺得，供應商當然要滿足我們的需求，如果他們的所作所為不能討我們歡心，我們大可換掉他們，找其他服務更好的供應商來取代。但有時候，或許由於科技的變化，或許由於產業結構的變化，供應商的勢力也可以變得很大，大到足以左右有關產業其他部門業者做生意的方式。

◆航空公司出擊

在美國，不久前，旅遊業的供應商嘗試活絡了一下筋骨，發揮了一下威力。在這裡，我指的是旅遊業的主要供應商，航空公司。一直以來，旅行社每售出一張機票，航空公司即給予百分之十的佣金。對航空業來說，旅行社索取的佣金確實是沉重的負擔，僅次於人事費和燃料費，位居第三。只不過旅行社售出的機票占航空公司全部業務的百分之八十五，得罪不起，航空業者就一直沒敢調整佣金比率。但是，由於物價持續攀升，航空業緊縮，航空業者終於聯合起來，設下佣金支出的上限。

佣金收入大幅減低之後，旅遊業者還能維持原來的經營方式嗎？航空業者宣布其決定後不過幾天，全美國最大的兩家旅行社立刻制定一項政策，向客戶索取以低價代購機票的報酬。問題是這個政策能堅持下去嗎？如果佣金上限此後成為慣例，而客戶又拒絕吸收這項變化所帶來的任何損失，旅遊業者能怎麼辦呢？有一個旅遊業協會預測，百分之四十的旅行社恐怕會因此而關門大吉。由此可見，供應商的一個動作就可能催生一個策略轉折點，乃至於早晚要改變整個旅遊業的生態。

◆關閉第二貨源

在電腦業，英特爾的角色是微處理器供應商。當英特爾改變行之有年的「創造第二貨源」（second sourcing）的做法，我們加速了電腦業的形變。

「創造第二貨源」的做法一度流行於電腦業，意指某個供應商為了大幅推廣其產品，將自己開發出來的技術教給競爭者，讓他們也有能力在市場上推出這個產品。

在理論上，這種看似奇怪的做法有利於所有的相關各方：原始開發者之所以獲利，是因為供應面擴大以後，使用該產品的客戶可望巨幅成長。接受這項技術，因而成為第二貨源的其他供應商，不用付出什麼代價，就取得寶貴的技術，當然是獲利的一方。至於使用該產品的客戶，則坐享大批供應商在市場上互相競爭所帶來的利益。

然而，在實際上，事情不見得都能這麼順利。當某項產品在市場上還沒有打開局面，第二貨源通常也還沒有能力生產該產品，因而供應面仍然狹小，當第二貨源也開始生產了，於是我們看到許多公司在市場上互相廝殺。這種情況或許是客戶所樂見的，卻肯定不利於原始貨源的收入。英特爾的遭遇正是這樣。

在八〇年代中期，我們發現，對英特爾而言，「創造第二貨源」的做法實在是弊多於利。於是，我們決心改變。那時，艱困的經營條件更堅定了改變的決心（下一章將會進一步討論我們當時的處境），我們決定向接受英特爾技術的廠商索取實質補償。

但是，英特爾的技術在過去幾乎是免費奉送，現在我們的競爭者當然不樂意付出任何代價。於是，在發展新一代微處理器時，我們決定不再創造第二貨源，而成為客戶的唯一供應商。最後，我們的競爭者也不再等待英特爾的慷慨贈與，開始獨力研發類似產品，但那就讓他們慢了好幾年。

上述改變看似微小，對整個ＰＣ業衝擊卻難以估量。這項改變表示，此後，有一種關鍵性的商品只能從它的開發者（英特爾）那兒取得，而這種商品恰是大多數個人電腦的基礎元件——標準微處理器。於是，我們看到兩個結果。其一，我們對客戶的影響力加強了。從他們的觀點來看，這可能就是一股可怕的十倍速力量。其二，絕大多數ＰＣ都採用同一個供應商所提供的微處理器，因而各種品牌的ＰＣ越來越相似。接著，這種趨勢更進一步對軟體開發業者帶來衝擊：如今，由於許多製造商所生產的電腦基本上相似，他們就可以集中精力研發適用於各種品牌電腦的軟體。總之，一旦各家電腦廠商採用同一種微處理器，就已造成整個電腦業的形變，各種電腦從此變成幾乎可以互換的商品。

十倍速變化：協力業者

科技變遷影響到協力業者的生意，而你必須倚賴協力業者的產品，因而也可能對你自己的生意產生深遠影響。個人電腦業與英特爾，以及個人電腦軟體公司，是互相依存的。一旦重大的科技變遷影響到軟體業，由於其間的互補關係，我們的企業也可能大受影響。

舉例言之，有一派說法指出，為網際網路製造的軟體將會益形重要，乃至於最後左右整個個人電腦業。事情果真如此發展，勢必間接影響英特爾的經營。這個課題，等到第九章再做深入討論。

十倍速變化：營運規範

截至目前，我們已經逐一討論六種企業競爭力因素一旦發生十倍速轉變，所引發的各種可能巨變。這樣的討論所反映的，乃是自由市場的運作，彷彿不受任何外在機構或政府的監管。然而，在真實的商業世界裡，這類監管措施的制定或撤廢，卻可能帶來與上述各種情況同樣重大的變化。

◆成藥體制的崩解

在美國藥劑業發展史上，有一個明顯的例子，恰足以說明管制措施的制定可以改變整個行業的經營環境。二十世紀初，包含酒精與麻醉劑成分的成藥，可以在街頭自由販售，不須貼上任何標籤，提醒消費者注意其中具有危險與致癮性質的成分。成藥的氾濫，終於促使政府開始規範藥品成分，並通過一項法律，要求所有藥商在任何藥品上都貼上標籤，標明成分。美國國會更於一九〇六年通過食品藥物法。

於是，藥劑業在一夕之間發生巨變。要求標示藥品成分的規定，暴露了成藥充斥著酒精、嗎啡、大麻、古柯鹼等成分的事實，藥商因而被迫重新研發產品，或乾脆放棄某些產品。食品藥物法的制定，更改變了藥劑業的競爭環境。如今，從事藥劑業所需的知識和技術，已和昔日大不相同。有些公司通過了這個策略轉折點的考驗，但有許多公司沒有做到，從此銷聲匿跡。

◆電信通訊業的重整

在其他行業，規範制度的改變也可能引發其經營型態的變化。在此，且以美國的電信通訊業為例。

一九六八年以前，美國的電信通訊業實際上是全國性的壟斷事業。美國人口中的「電話公司」，AT&T，不但自行設計與製造小至電話機，大至交換系統的各種設備，還提供各種接線服務，包括區域與長途電話。然後，在一九六八年，聯邦通訊委員會決議，電話公司不得要求客戶使用公司自己的設備。

這個決議改變了電話機與交換系統的市場，使包括日本主要電信通訊公司在內的外國廠商蜂擁而至。在過去，這個生意為慈祥的「貝爾媽媽」（Ma Bell）所壟斷，是個行動遲緩、步履蹣跚的行業。如今，市場上充斥著來自各方的競爭者，如加拿大的北方電信通訊（Northern Telecom）、日本的NEC和富士通，以及矽谷的新興勢力ROLM。在過去，美國用戶向AT&T申請電話線路時，必須一併購入它的電話機；現在，電話機已變成隨時可在街口轉角電子器材店購得的商品。這些電話機大都是在亞洲國家以低廉工資製造的，設計上五花八門，造型、尺寸及功能各不相同，價格上競爭得非常厲害。即連美國人素來熟悉的電話鈴聲，也被各種不同的聲響取代了。

但是，以上所述不過是下一個大變動的序幕。

一九七〇年代初期，繼AT&T的競爭對手MCI提出一項反托拉斯訴訟案之後，美國政府也提出另一項訴訟案，要求貝爾體系解體，並分隔長途與短途電話的市場。據說在與聯邦法院纏鬥數年之後，AT&T當時的董事長查爾斯．布朗（Charles Brown）眼看這場鬥爭勢將再持續好幾年，就逐一打電話給公司幹部，告訴他們，與其將公司置於經年纏訟，命運未決的處境，他寧可同意政府的要求，公司自動解體。到了一九八四年，在聯邦法官葛林（Harold Greene）的監督下，這個決定終於催生出所謂「最後修正裁判」（Modified Final Judgment），長途電話公司與七家地區性電話公司之間的經營關係於焉有了規範。至此，幾乎在一夕之間，電話的壟斷事業完全崩解。

在那段紛擾不安的日子裡，我曾經打電話到 AT&T，向他們的交換系統部門推銷英特爾微處理器。我至今仍清楚記得，AT&T 的幹部當時是多麼困惑。他們在同一個企業裡工作了一輩子，現在卻眼見部門與部門之間、幹部與幹部之間，早已熟悉的財務、人際和社會規範逐漸崩潰，而一點兒也不知道事情會怎麼發展。

這些事件對整個通訊業的衝擊同樣深刻。首先，競爭性的長途電話業早已成形。在往後十年間，長途電話市場遭若干競爭者瓜分，AT&T 的占有率減少百分之四十，而 MCI 和斯普林特（Sprint）等競爭對手則迅速成長，變成營業額高達數十億美元的大公司。其次，一些俗稱「貝爾寶寶」（Baby Bells），以區域性電話系統為營運範圍的獨立公司相繼成立。這些公司的收入大抵在十億美元之譜，營運範圍是服務其營業地區的個人和公司行號，讓他們得以透過電話線路彼此聯絡，並將他們聯繫到某一個長途電話網路。「最後修正裁判」容許他們成為各地區的獨占事業，但嚴格限制了他們所能參與的營業項目。

如今，科技變遷再度催動營運規範的修訂，「貝爾寶寶」也面臨類似的大變動。由於行動電話快速發展，而且有一個有線網路已遍及美國百分之六十的家庭，電話業者與個人用戶現在已經有別的途徑聯繫。就在我寫下這段文字的同時，美國國會仍在艱苦奮鬥，絞盡腦汁，試圖趕上科技變遷所帶來的衝擊。無論電信法律將如何重寫，也無論通訊業的卓別林和賽穆爾．克雷如何抗拒轉變，新的通訊環境正飛快來臨。在這個策略轉折點的另一端，一個競爭更為激烈的世界，正等著電信通訊業的所有相關業者。

當然，從今日回顧，我們可以輕易看出，九十年前藥劑法規的制定及十幾年前導致電信業現狀的一連串事件，都各自代表一個策略轉折點。但此時此刻我們正親身經歷的亂流，是否也代表某種轉折點，就比較難以判斷了。

◆民營化趨勢

今天，大半個世界已捲入民營化的浪潮。就當前的情勢看來，我認為，這趨勢乃是「一切規範制度變革之母」。一夕之間，從中國到前蘇聯，乃至於英國，由於制度更新，許許多多歷史悠久的國有壟斷事業突然置身於競爭慘烈的環境。他們從無面對競爭的經驗。事實上，他們從不曾向消費者促銷產品——既然是壟斷事業，哪裡需要討好顧客？

譬如 AT&T，以前也不知道競爭為何物，從不曾促銷他們的產品與服務。凡是使用電信設施的人，都必然是他們的客戶，毋庸爭取。他們的幹部成長於由上而下監管的環境，只需妥善配合管理當局，工作上便不難勝任愉快。家長式管理制度，正是員工所熟悉的工作環境。

在「最後修正裁判」確立後那十年，電信業百家爭鳴，AT&T 喪失百分之四十長途電話的市場。但是，他們學會以消費者為訴求對象的行銷技巧。如今，AT&T 在電視上打廣告，吸引新顧客；每當你與他們聯繫，他們總不忘說一聲謝謝你使用 AT&T；他們甚至開發出一種識別標誌——一種溫暖而低沉的電腦合成鈴聲，提醒客戶注意他們的存在。凡此，都是世界級的行銷手法，而對 AT&T 來說，行銷曾經是陌生的藝術。

德國的國營電信通訊公司，德意志聯邦郵政電信局（Deutsche Bundespost Telekom）已預定在一九九七年底以前民營化，並易名為「德意志電信公司」（Deutsche Telekom）。為了引領新公司度過波濤洶湧的混亂情勢，該公司的監督委員會最近已從外面挖角，聘請四十五歲的新力（Sony，二〇〇九年更名為索尼）公司行銷經理隆恩・鍾默（Ron Sommer）出任新執行長。這項舉動顯示，監督委員會深切明白，未來的環境將迥異於昔日。

當絕大多數曾經是計畫經濟體系一環的公司，突然被迫投入競爭性的環境，改變的波瀾勢將加倍壯觀。如今，處於同類產品激烈競爭的全球性混亂局面，任何經理人都必須懂得促銷他們的產品；而所有的勞工，為了保住工作，或力爭上游，甚至必須與地球另一面同性質公司的員工競爭。這應該是歷來最最嚴重的策略轉折點了。一旦所有這些根本性的變化同時襲向一整個經濟體系，其威力將如同洪荒時代的大洪水，足以動搖天地，改造一整個國家的政治制度、社會規範及生活方式。前蘇聯所經歷的正是這樣的大變動；在中國，這樣的變化也正以較有規範的型態進行。

在本章中，我已試著指出，策略轉折點是無所不在的，既非當代獨有的現象，也不局限於高科技產業，更不是什麼不可能發生在自己身上的事。所有的策略轉折點都有其獨特面貌，各不相同，但也都擁有類似的特徵。下一頁的**圖表九**，讓我們可以一

圖表 9 策略轉折點：變化與結果

實例（範疇）	變化	對策	結果
沃爾瑪商場（競爭對手）	大型商店入侵小社區	有些商店走向專業化，如轉型為專門店	家得寶與玩具反斗城興起；許多商店關門
NeXT（競爭對手）	配備 Windows 的 PC 占上風	NeXT 變成軟體公司	NeXT 規模變小，但存活下來，並且有獲利
有聲電影（科技）	默片死亡	葛麗泰．嘉寶開口說話	嘉寶變成巨星；其他以前的巨星凋落
海運（科技）	新科技提升生產力	新加坡和西雅圖順應貨櫃化；舊金山和紐約市做不到	新加坡和西雅圖港務繁榮；舊金山和紐約市港口沒落
PC（科技）	PC 的價格／效能卓越	有些公司改以微電腦為基石；有些則變成系統整合業者	適應妥善的公司日趨興旺；其他公司陷入困境
人口統計上的定時炸彈（客戶）	下一代越來越親近電腦	光碟教育和娛樂軟體發展迅速，以下一代為訴求對象	電腦無所不在
旅行社（供應商）	航空公司設定佣金上限	旅行社將成本轉嫁至消費者	旅遊業處境日益艱困
電信通訊業（規範）	設備與長途電話市場的競爭	AT&T 學習行銷，適應競爭性環境	AT&T 與各貝爾公司產值總和為十年前的四倍
民營化（規範）	政府的壟斷與補助制度終結	德意志電信聘請鍾默擔任 CEO	痛苦的轉型期即將來臨

覽本章所討論的各種實例。每瀏覽一遍，我自己都不禁驚訝於策略轉折點的多樣與無所不在。

請注意，無論在哪個領域，一旦經歷轉折點，就會有贏家與輸家。另外，也請注意，一個公司的輸贏大抵決定於其適應能力的優劣。策略轉折點帶來希望，也帶來威脅。業已形同陳腔濫調的警句：「優勝劣敗，適者生存。」其真正的意義就在這裡。

5 撤退，才能看到勝利

我們如何退出記憶體產業？

——「記憶體業務危機——以及我們如何因應——讓我懂得策略轉折點的意義。」

我之所以認識策略轉折點的意義，必須歸因於八〇年代那場記憶體產業危機。我了解，面對巨大而陌生的變遷力量，你發覺自己是多麼渺小、無助。當某個行業的基本要素發生巨變，那種席捲一切的混亂、深刻的挫折，我親身體驗過。然而，雖不確知事情將如何演變，仍咬緊牙關，朝新方向邁進的那種興奮之情，我也曾經品嘗過。

管理，尤其領導一個公司度過危機的管理經驗，絕對是非常個人的事。

許多年前，我曾參加一個管理課程。有一次，講師特別播放第二次世界大戰電影《正午時分》（*Twelve O'Clock High*）的一個場景。影片中，一位新到任的指揮官，奉命整頓一個紀律極端敗壞，戰力日益衰頹的飛行中隊，管理一群桀驁不馴的飛行員。在乘車前去就任的途中，他下令停車，走下車子，點燃菸，凝視著遠方。然後，他吸了最後一口菸，把香菸丟在地上，以鞋跟碾碎，回過頭看著司機，說：「好，中士，上路了。」講師反覆播放這個場景，藉著片中精湛的演出，凸顯領導者無視一切困難，決心往前邁進的那一刻：為了面對艱險，承擔重任，帶領一群人度過艱苦無比的一連串轉變，所謂鼓起勇氣，下定決心，會是怎麼一回事。

我自認能夠理解這個場景的意義，體會這名軍官的心情。當初觀賞這部影片時，我根本不曉得不過數年光景，自己也必須經歷類似的事情。但是經由下述事例，我要說的不只是我也親身經歷了危機。我更想指出的，是這段經歷讓我對策略轉折點有了深刻的體驗，同時我因而了解，要在困境中辛苦備嘗地一步步打開生路，必須具備什麼條件：客觀的理解力、強烈的意志，以及熱情。客觀，所以可以掌握現實；意志堅定，方能依憑一己的信念，展開行動；而唯有熱情，才能鼓舞工作夥伴支持這些信念。儼然高難度的要求，是吧？確實是的。

在這裡，我打算說的故事，是英特爾在困難重重，壓力沉重的危機中，如何放棄原來的業務，重新將精力投注於迥異的事業，建立起一個全新的身分。剛才說過，這一次經歷讓我獲益匪淺。本書下文將會一再提及這段經歷，以便闡明我所記取的教訓。因此，恐怕我必須拖著讀者陪我再次回顧一些細節。請忍耐一點。我相信，這個故事固然是英特爾的獨特經驗，其教訓卻具有普世價值。

記憶體的代名詞：英特爾

先說一段歷史：英特爾創建於一九六八年。所有新開創的事業，都有某種核心理念。我們也不例外，而且我們的理念非常單純。當時，由於半導體科技快速進展，單一矽晶片所能容納的電晶體已越來越多。我們認為，這項發展意味著某種美好前景即將到來。電晶體數量倍增，表示電子產品的使用者可以輕易享有兩大好處：成本降低，效能提高。儘管有過分簡化之嫌，其中原委大抵如下所述——無論電晶體數量多寡，製造一顆矽晶片的成本大致相同；所以，如果我們在一顆矽晶片嵌上越多的電晶體，平均每個電晶體的成本就越低。尤有甚者，在一顆矽晶片上，電晶體體積越小，彼此間的距離越近，處理電子信號的速度就會越快。如此一來，我們的晶片無論裝置在計算機、錄影機、電腦，或其他電子產品內，都將發揮更高的效能。

一旦認定電晶體數量倍增的科技趨勢，在思考我們可能採取的策略時，答案似乎就變得異常明白：製造可以在電腦內部執行記憶體功能的晶片；易言之，盡可能增加晶片上的電晶體，藉此加大電腦記憶體的容量。我們推斷，較之其他任何途徑，這個辦法所帶來的成本效益無疑最高；而只要我們做到了，世界便屬於我們。

一開始，我們的收穫其實很小。我們最初的成果是六十四位元（bits）記憶體。是的，你沒看錯，上面這句話也沒有排印錯誤。這個記憶體是可以儲存六十四位數。今天，人們正努力研發六千四百萬位數的晶片；但在六〇年代末，六十四位數已是不簡單的成就。

我們隨即發覺，就在英特爾草創的時期，當時的一家大電腦公司早已在尋求可行方案，企圖製造相同的產品。同時，有六家業界知名的公司，也已積極投入相似的計畫。我們鼓足勇氣，卯足勁，成為第七位競爭者。我們夜以繼日地工作，既研發新一代的晶片，也同時推敲新的製造流程。我們奮力工作，彷彿這是我們生存所繫。事實上，從某個角度來看，新晶片也的確是我們生存的憑藉。最初的努力，終於產生第一個可以實際運作的六十四位元記憶體。由於率先製造第一顆具備記憶體功能的晶片，我們贏得了這場競賽。對剛創立的公司而言，這是莫大的勝利！

接著，我們傾注精力，繼續研發下一顆晶片——二百五十六位元記憶體。我們再一次夜以繼日地工作，力圖克服這個更艱難的課題。我們的辛苦是有代價的，不久英特爾就推出它的第二個產品。

這兩樣產品是一九六九年科技不可思議的產物。當時，無論電腦廠商或半導體廠商，每一家公司的每一位工程師似乎都會各買一片六十四位元和二百五十六位元晶片，來讚嘆一番。但是，無論哪一種晶片，都沒有一家公司買到足夠量產的數量。在那個時候，半導體記憶體頂多是一件新奇的玩意兒。於是，我們繼續投注大筆資金，開始研發新一代晶片。

依照電腦產業的傳統，新一代晶片所容納的電晶體數量，當然要比先前的晶片大。我們的目標是儲存一千零二十四位數，複雜度四倍於上一代產品的記憶體晶片。從科技的角度看，我們為此必須冒較大的風險。然而，目標既定，研發的機器已啟動，我們的記憶體工程師、技師、測試員等所有同仁，組成了一個雖非永遠和睦，卻無疑工作勤奮的隊伍。由於壓力沉重，我們耗在拌嘴爭執的時間，並不比用在克服難題的時間少。但是，我們沒有絲毫懈怠，工作繼續往前推進。這一回，我們中了大獎。

新一代的晶片成為熱門產品。現在，我們所面臨的新挑戰，是設法滿足快速成長的需求量。平心而論，當時我們還是家小公司，只不過擁有一項新產品和脆弱的科技能力，卻試圖在租來的小房子裡，憑藉單薄的人力，滿足大電腦公司對記憶體晶片彷彿永不饜足的需求。於是，在一夕之間，我們的噩夢從艱難無比的研發工作，變成大幅提高產量的難題。這項新產品的名稱是「1103」，零件的組合全賴類似鐵絲和口香糖的矽製品。直到今天，每回看到數位手錶閃現這個數字，我和其他共同經歷過那個年代的朋友，仍忍不住會多看一眼。

先是奮力開發兩樣科技上的「新鮮玩意兒」，卻賣不出去；繼而創造大賣的第三樣產品，卻苦於無力大幅提高產量。如此一路跌跌撞撞走過來，英特爾已儼然長成一家企業，記憶體晶片也壯大成一個產業。如今回顧起來，我覺得，當年與科技難題和生產困境搏鬥的經驗，已在英特爾的性格上打下無法磨滅的印記。擅長解決難題，專注於追求實質結果（我們稱之為「產出」〔output〕），業已變成我們的特質。同時，由於工作夥伴一開始就常為了工作爭執，我們發展出一套激烈辯駁，卻絲毫無損於友誼的行事風格（我們稱之為「建設性對抗」）。

既是開路先鋒，英特爾幾乎百分之百占有整個記憶體晶片的市場。到了七〇年代初，別的公司，譬如 Unisem、「先進記憶系統」（Advanced Memory Systems）、Mostek 等，也加入這個產業。他們全都是小型美國公司，規模與組織型態和英特爾相當。如果你不認得這些公司的名稱，是因為他們早已化為泡影，消失了。

及至七〇年代末，記憶體產業裡大約有十來家公司互相競爭，在科技上競相推陳出新。於是，隨著一代又一代的記憶體晶片相繼問世、淘汰，有時某個傢伙暫時領先，有時另一家公司迎頭趕上。當年一位金融分析家生動地以拳擊賽打比方，提出他對記憶體產業的觀察：「第二回合英特爾獲勝，第三回合 Mostek 領先，第四回合德州儀器（Texas Instruments）占上風；我們則摩拳擦掌，準備在第五回合上場……」戰況激烈，英特爾贏得了它應得的。直到七〇年代結束，英特爾投入這個產業雖已十年，仍是其中舉足輕重的關鍵角色，未被淘汰。當時，「英特爾」三個字彷彿記憶體的代名詞，而所謂「記憶體」，通常也就是指英特爾產品。

進入策略轉折點，風暴襲來

接著，八〇年代初，日本的記憶體廠商登上競技舞台。其實早在七〇年代後期，我們一度因為不景氣，撤回部分投資，暫緩擴充生產，導致貨源短缺的時候，日本廠商已經露了臉，填補了當時的市場需求。那個時候，對美國電腦業者而言，日本人提供了必要的助力，減輕了我們的壓力。但到了八〇年代初，他們來勢洶洶，以排山倒海之勢席捲我們的市場。

我們發覺，事情已經開始變了。訪問日本歸來的人，開始散布令人心驚的消息。舉例言之，據說在某一家日本大公司，光是記憶體研發部門就占用了一整棟建築，而且在同一段時間裡，分布於不同樓層的工程師，都各自鑽研不同世代的記憶體：某一層樓專搞十六K記憶體（一K代表一千零二十四位元），另一層專攻六十四K，再上一層則致力於二百五十六K位元記憶體的開發。甚至有謠傳指出，日本正在進行祕密計畫，打算製造百萬位元的記憶體。當時，我們不過是一家位於加州聖塔克拉拉的小公司。較諸當時我們還只能想像的境界，這些消息確實是夠嚇人的。

緊接著，品質問題再度重創我們。惠普公司的幹部指出，日製記憶體的品質一貫領先美國產品，而且是大幅領先。我們最初的反應是拒絕承認。我們認為，人們賦予日本記憶體的品質水平，已遠遠超過我們的想像，不可能是真的。如同人們身處類似情況常有的反應，我們猛烈地抨擊這些彷彿噩兆的情報。等到後來，我們親自證實這些說法大致無誤時，才開始回過頭來，試圖提高自己產品的品質。但是，為時已晚，我們已明顯落後。

好像這一切打擊都還不夠似的，我們得悉，日本公司還有一項優勢：資金。他們似乎擁有無止境的資金來源——政府提供的？母公司透過交叉補助提供的？也或許是透過日本資本市場的神祕運作取得的（據說，日本資本市場近乎沒有限制地提供低利資金給外銷導向的廠商）。我們無法確知到底是怎麼回事，但眼前的事實不容置疑：在八〇年代，日本廠商的大型現代化工廠一間接一間地蓋起來，累積了驚人的生產力。

乘著記憶體需求日益成長的浪潮，日本廠商當著我們的面，硬生生地奪下了全球半導體市場。全球市場遭日本人鯨吞蠶食，並非一夕之間發生的事。如圖表十所示，他們也耗費了十年時間。

我們曾經努力禦敵，想方設法提高品質，降低成本。但日本廠商再度反擊，纏鬥

圖表 10　全球半導體市場占有率

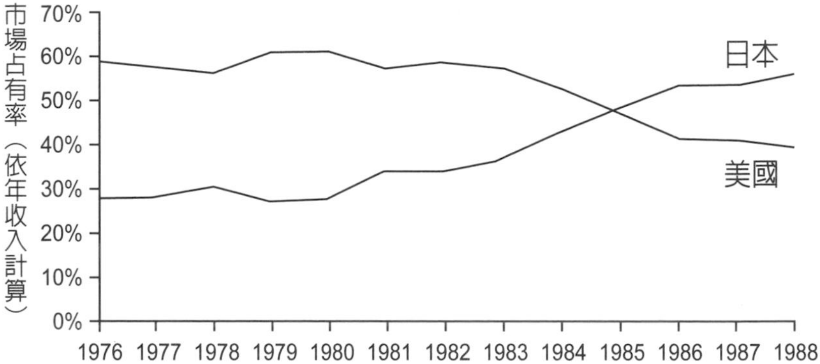

資料來源：Dataquest, Shearson Lehman Brothers

不休，他們最主要的武器，便是以盡可能低的價格提供高品質的產品。有一回，我們偶然間取得一家日本大公司遞給其銷售部門的便箋，上面所傳達的信息大抵如下：「堅守價格低於對方百分之十的原則……找到AMD（另一家美國公司）和英特爾的插座（sockets）……定價低於他們百分之十……如果他們重新定價，再低百分之十……窮追不捨，直到獲勝！」

這種情況委實令人沮喪，但我們沒有放棄，嘗試過許多方案。我們曾經試圖專攻記憶體市場的某個利基，試圖創造號稱「加值設計」的特殊功能記憶體，試圖推出更先進的科技產品，將記憶體植入其中。總而言之，由於根本無法與日本人持續降低定價的策略抗衡，我們試圖為自己的產品添加在市場上競爭的優勢。當時，英特爾公司內部有人說：「只要產品夠好，我們的價格即使高出日本記憶體一倍，也或許能夠存活。問題是如果日本產品價格越來越低，即使我們的價格高出一倍，恐怕也無法長期支持下去。」

最重要的是我們仍持續投注大筆資金在研發工作。無論如何，英特爾畢竟是以科技起家的公司；我們相信，任何難題應該都可以從科技面尋求解答。我們的研發工作，涵蓋了三種科技，其中占用預算最多的自然是記憶體。在此同時，我們也有一小部分人專攻另一種產品的科技：我們早在一九七〇年左右就已發明的微處理器。微處理器是電腦的大腦；記憶體晶片的功能只是儲存，微處理器則職司運算。微處理器和記憶體相似，都是利用矽晶片科技製造的，但設計不同。然而，比起記憶體晶片，微處理器的市場成長較遲緩，需求量較小，所以我們對後者的科技研發工作也就沒有太重視。

記憶體晶片的研發，主要是在奧瑞岡州一座全新的設施內進行。微處理器科技研發人員，卻只能和我們的製造廠共用位於偏遠地區的生產設施，更遑論什麼新設備。英特爾的優先次序，決定於英特爾之所以為英特爾的基本特質——再怎麼說，記憶體

即是英特爾，英特爾**等於**記憶體。

當時，記憶體「戰線」雖然處境艱險，我們的整體營運狀況還是不錯的。一九八一年，我們最主要的微處理器為ＩＢＭ ＰＣ原型所採用，結果後者的需求量急劇擴張，遠遠超過ＩＢＭ本身的預期。如此一來，ＩＢＭ若要加速ＰＣ的生產，便不得不仰賴我們。當然，所有ＩＢＭ相容ＰＣ的廠商對我們也都有相同的需求。在一九八三年和八四年前半年，我們的市場熱得簡直要沸騰起來了。無論我們如何加快生產，總是供不應求。人們一再要求我們提供更多零件，訂單源源不斷地湧進來，我們根本無法保證能及時供貨。我們只能拚命追趕，開始在不同地點興建工廠，大幅增加人手，努力擴充生產能量。

然後，時序進入一九八四年秋季，一切都變了。生意迅速下滑，彷彿再也沒有人需要晶片。我們積壓的待配訂單，竟如春雪，在一夕之間消融了。有一段時間，對這個事實，我們簡直不敢置信。然後，我們不得不開始減產。問題是在經過長時間的擴張之後，我們無論如何緊縮，總趕不上市場萎縮的速度。就在生意一路下滑的同時，我們的庫存仍持續增加。

其實，為了與高品質、低價格、大量生產的日本產品競爭，我們已在記憶體產品的研發上花掉大把大把的鈔票。但由於生意還不錯，我們便堅持下去，期待遲早尋獲夢想中的神奇方案，讓我們以優越的特殊產品，換取較高的價格。我們所以堅此百忍，是因為我們還承擔得起。然而，等到生意全面下滑，其他產品又無法彌補虧損，我們終於不堪賠累。情況已經萬分緊急，我們必須盡快提出不同的記憶體發展策略，才能停止大量失血。

於是，我們一次又一次召開會議，爭執，辯論，大吵好幾個回合。結果，我們只得到一堆互相衝突的提案。有人主張採取「勇往直前」的策略：「我們應該大興土木，蓋起巨型工廠，全力衝刺，大量生產記憶體，而且只生產記憶體。讓我們向日本人宣戰吧！」有人認為，我們應該多用用腦袋，運用前衛科技，製造日本廠商沒有能力製造的東西——換言之，我們應該在科技面，而非生產面「勇往直前」。還有些人則依然相信，我們遲早一定可以創造特殊功能的記憶體。然而，記憶體已變成標準化的全球性商品，特殊化策略顯然越來越不切實際，越來越不可能實現。爭辯熾烈，隨著時間流逝，越來越多的金錢正汩汩地流失。那是晦暗的一年，挫敗的一年。在那段時間，我們賣力工作，卻弄不清楚事情怎樣才會好轉。我們已經喪失方向感，一片茫然，徘徊於死亡之谷。

猶記得一九八五年年中，在將近一年時間毫無目標的徬徨、摸索之後，有一回我和當時英特爾的董事兼最高執行長高登．摩爾（Gordon Moore）待在我的辦公室，討論我們不知所措的窘境。我們兩個人的心情都非常沉重。我望向窗外，看著遠方大亞美利堅遊樂場的摩天輪不停地轉動著。然後，我轉過身，面向高登，問道：「如果董事會把我們踢出去，換來一個新的最高執行長，你想他會怎麼做？」高登毫不猶豫地說：「他會叫英特爾丟棄記憶體的生意。」這時，我直盯著高登，啞口無言，過了一會兒才說：「我們幹嘛不自己這麼做？我們這就走出門去，再回來，自己動手吧。」

求生之道

經過這番對話，在高登的支持下，我們開始踏上一條截然不同的征途。老實說，一開始，我嘗試和同事談起放棄記憶體晶片生意的可能性時，實在很難不支支吾吾，直接說出口。這種事，根本不能說。在我們每個人心目中，英特爾就等於記憶體。我們怎麼能夠放棄自己的身分？如果不做記憶體生意，我們算是一個什麼公司呢？這簡直不能想像。跟高登說說是一回事，同別的人談，並真的這樣去幹，是另一回事。

於是，在一開始，不但我和同事談起這個行動方針時，總是含糊其詞，多所保留，而且聽我講話的同事根本不想了解我在講什麼。人們不想聽，我又講不出口，真是沮喪極了。但心情越來越沮喪，講的話卻越來越直接、明確。只是，講話越直接、明確，迎頭而來或隱或顯的阻力也越多、越大。

又是無止境的爭辯！記得有一次討論接近尾聲時，我要求一位高階幹部就他對我們立場的了解，寫下備忘錄。他猶豫不決，而我以為，這下子總算可以用他自己寫下的話套牢他。但我失敗了。這種詭異的遊戲，我們玩了好幾個月。

我經常前往位於偏遠地區的英特爾工廠巡訪，和當地的高階幹部共進晚餐。有一回，在晚餐席上，他們最想知道的，便是我對記憶體的態度。當時我們才開始評估放棄記憶體生意的可能後果，及設想可能的因應措施（舉例言之，一旦放棄記憶體，我們能讓眼前這批人做什麼工作），因此我還不想宣布我們確實有此想法。但我又無法作假，佯稱這種事不可能發生。於是，我給了一個模稜兩可的答案，表示我對記憶體雖然難以割拾，卻似乎不能不另尋出路。這群幹部立即抓住我的話頭，開始攻擊。其中一個人不客氣地問道：「這話是不是表示，萬一英特爾不再從事記憶體行業，你也可以接受？」我強作鎮定，答道：「是的，我想我可以。」這下子，不得了了，群情鼎沸！

英特爾公司有兩點信念，堅定得彷彿宗教教義，不容動搖。這兩點，都關乎記憶體對英特爾的重要性，強調記憶體是我們一切活動的根基：生產的是記憶體，銷售的也是記憶體。第一點，記憶體是我們的「科技驅動力」。這表示，我們一定要先在記憶體產品上開發和修正我們的科技，因為這樣比較容易測試。第二點，必須擁有「完整的產品系列」。面對客戶，我們的業務員需要擁有一個完整的產品系列，才能把工作做好：如果不然，客戶就會轉向能夠提供完整系列的廠商。

在這兩個信念的影響下，只要事涉放棄記憶體的可能性，人們根本沒辦法進行開放、理性的討論。人們會問，如此一來，我們還能拿什麼東西驅動科技研究？一旦產品系列不夠完整，我們的業務員怎麼和別人競爭？

在上述那次晚餐席上，幹部們就提出了這樣的質問。然後，整個晚上的討論，便一直圍繞著這兩個問題打轉。幹部們和我都因彼此的態度，越來越沮喪。

這是當時針對這個課題進行討論的典型模式。其實，我們負責記憶體部門的主管，在經過數個月的溝通之後，仍然轉不過來。最後，我們請他擔任別的職位，他接受了。接著，我開始和接任者溝通，用極其清楚明白的話，說明我要他做的工作：讓

我們擺脫記憶體！那個時候，既已經歷好幾個月令人沮喪的討論，我心裡已經有底了，可以毫不困難地清楚說出我想要說的話。然而，這個新人在了解情況之後，仍然只踏出半步。他宣稱，是的，我們不會再在新產品上做任何研發工作。但他說服了我，讓他完成他那一組人手頭上正在進行的工作。換言之，我同意他那一組人繼續研發一項我們兩人都知道公司已無意推出市場的產品。我猜想，當時，我們雖已決心走上另一條路，在感情上卻仍然無法忘懷過去，全心擁抱新方向。

我告訴自己，這是合理的，因為如此重大的改變，只能循序漸進，逐步達成。但不出幾個月，我們便不能不承認，決心只下一半是行不通的。於是，我們痛下決心，斷然放棄記憶體的生意——不只管理階層有此決心，我們也要求全體員工徹底明白這一點。

在經過一番劍拔弩張的激辯與冷戰之後，業務部門終於接受指示，將我們的政策通知採用英特爾記憶體的客戶。這是我們最恐懼的夢魘之一：我們的客戶會有怎樣的反應？由於有負客戶的期待，他們會不會從此以後乾脆都不再做我們的生意？然而，出乎意料地，客戶們根本就不把我們的改變當一回事。他們早就體認到，我們在記憶體市場上已不算是大廠商，早晚會另謀出路。而且他們大部分都已有所安排，早就向其他供應商下了訂單。

事實上，當我們把英特爾的新政策通知客戶時，他們只是淡淡地告訴我們：「你們一定花了很長一段時間，才做成這個決定。」在感情上和這個決定沒有瓜葛的人，更早看清我們應該採取的行動是什麼。

我認為，由此我們也就不難明白，何以今天總經理階層的人事異動是如此頻繁。幾乎每一天，我們都可以看到，某個總經理或執行長離開他服務了一輩子的公司，而該公司顯然也面臨策略轉折點一類的困境；同時，取而代之的通常是外人。

我相信，多半情況下，比起被取代的經理人或領導人，從外面禮聘來的新人未必更傑出。他們只擁有一個優勢：長期以來，離職的領導人已將生命奉獻給公司，必然深深介入導致公司走到這個地步的過程；新來的經理人則不然，他們沒有感情包袱，因而可以只依據與個人無涉的邏輯，思考公司的當前處境。總之，較諸前任領導人，他們可以更客觀地掌握、處置許多問題，而這有可能就是一個關鍵性的優勢。

在經營環境、條件已發生深刻變化的時候，現有的管理階層如果想保有他們的工作，就必須學會「外人」的那種理智、客觀。他們必須擺脫與過去千絲萬縷的感情糾葛，採取應該採取的行動，以求通過策略轉折點的考驗。當高登和我頗富象徵意義地走出門去，狠狠踩熄香菸，再折回辦公室，挽起袖子，動手幹起來，為的就是這一點。

我們回頭跨進辦公室，所面對的主要問題是：如果不做記憶體，我們未來的重心應該是什麼？微處理器顯然是最佳替代產品。那個時候，我們已有將近五年的時間，一直是ＩＢＭ相容ＰＣ的主要微處理器供應商，是市場上最大的廠商。此外，我們新一代的主力微處理器「３８６」，也即將開始量產。前文曾經提過，我們製造３８６的技術，是在一座老舊工廠的某個角落研發出來的。如果這項研發工作是在我們最現代化的奧瑞岡工廠進行，應該可以做得更好。但直到那個時候，那個工廠始終忙著研究記憶體。奧瑞岡的那組人馬，可能是當時英特爾最優秀的研發人員。離開記憶體產業，使我們有機會指派他們負責調整製程，生產更快、更便宜、更好的３８６。

於是，我動身前往奧瑞岡。那時，這群研發人員正在為自己的前途發愁，但他們向來的工作是開發記憶體，對微處理器既沒有強烈興趣，也沒有濃厚感情。我將他們集合在大會議室，發表了一篇講話，主題是「歡迎加入主流」。我說，接下來，英特爾的「主流」將是微處理器；他們只要參與微處理器的研發，就會成為推動英特爾未來事業重心的主力。

情況比我原先預期的順利很多。猶如我們的客戶，這群員工早在我們這些高階主管終於正視現實之前，就已明白這是不可避免的。他們彷彿鬆了一口氣，因為從此他們不須再做公司已無意全力支持的工作。事實上，這組人馬很快就投入微處理器的研發，而且表現極佳。

當然，在其他方面，事情並沒有那麼順利。我們幾度陷於非常艱困的處境，損失大筆的金錢，甚至還得裁掉數千名員工。我們沒有馬上利用到曾經製造記憶體的矽製品工廠，必須將它關掉。我們還關閉了幾家記憶體生產線上的裝配廠和測試廠。這些工廠碰巧也是我們最早設立的製造廠，都位於偏僻的地點，而且規模很小，在當時已不足以滿足我們的需求。因此，關閉它們，我們恰好可以藉機更新生產網絡，使之符合現代化要求。

回顧與反省

我之所以認識策略轉折點的意義，必須歸因於這場記憶體產業危機，以及我們應付這場危機的經驗。這是純屬個人的經驗。我了解，面對全然陌生的一股十倍速力量，你會發覺自己是多麼渺小、無助。當某個行業的基本要素發生巨變，向來管用的做法竟然變成不利因素，那種席捲一切的混亂、深刻的挫折，我親身體驗過。我知道，即使只是要你向親密的工作夥伴解說新的現實，你都巴不得快快逃開。然而，雖不確知事情將如何演變，仍咬緊牙關，朝新方向邁進的那種興奮之情，我也曾經品嘗過。這一切，帶來巨大的痛苦，但也讓我變成一個比較好的經理人。

此外，我也學到了一些基本原則。

我學到，所謂策略轉折點的這個「點」字，其實是用字不當，很容易造成誤導。那絕不是一個點，而是一段漫長、艱苦、辛酸的掙扎與奮鬥過程。

在本章所討論的記憶體產業危機中，日本人是在八〇年代初就對我們施以痛擊。一九八四年中期，整個產業日趨萎縮時，英特爾的業績開始下滑。高登和我的那次關鍵性談話，是發生於八五年中期。直到八六年中期，我們才真正採取行動，退出記憶體產業。然後，又過了一年，英特爾才又開始轉虧為盈。所以，通過這個策略轉折點，花了我們整整三年時間。在十年後的今天，回顧起來，那三年彷彿已壓縮成一段時間短暫而過程劇烈的日子；在當時，那三年卻是漫長難熬、艱辛萬分的。同時，在那三年裡，我們仍然不智地浪費時間，虛擲精力與金錢。當我們繼續抗拒不可扭轉的趨勢，嘗試各種自以為聰明的行銷手法，尋找商品市場裡不可能存在的利基，便是在浪費光陰，並一步步陷入財務困境——直到最後我們終於有能力行動時，才強迫自己採取原本可以不必那麼艱辛的措施，走向正確的道路。察覺我們正面對何種情勢，不過是一次談話過程中的靈光一現；那次談話的結論，卻花了多年時間，才完全落實。

我還學到，策略轉折點固然為所有的相關人士帶來莫大痛苦，卻也提供了突破高原期，衝上更高成就的良機。假如我們當初沒有改變經營策略，不但早就陷入極端險惡的財務狀態，也一定已經淪為記憶體產業中沒有什麼分量的角色。

然則我們展開行動之後，發生了什麼事？答案是386大大成功，成為截至當時，我們最成功的微處理器。奧瑞岡的那組記憶體研發人員，是386得以進一步成功的幕後推動者。

從此，我們不再是半導體記憶體公司。我們開始為公司尋找新的身分、新的識別標誌時，發覺一切人力物力此時已投向微處理器。於是，我們決定把自己定位為「微電腦公司」，先是在公開的聲明、文獻與廣告中，如此界定自己。但經過了幾年工夫，在386獲得驚人成功之後，這個新身分才得到公司內部整個管理階層和絕大多數員工全心全意的支持與認同。最後，連外人也開始認同我們的新身分。

到了一九九二年，主要由於微處理器的傑出表現，我們變成全球最大的半導體公司，甚至比曾經在記憶體產品上重挫我們的日本公司大。時至今日，英特爾與微處理器的緊密關係，已益形強固，兩者之間幾乎可以畫上等號。結果，我們在微處理器之外的其他產品，竟然很難引起世人的注意。

假如當初我們再稍事遲疑，說不定會完全喪失這個機會。我們很可能一方面像個悲劇英雄，緊緊守住日益萎縮的記憶體生意，另一方面則畏畏縮縮地投入急遽擴張的微處理器市場，不敢全力以赴。是的，我們可能擺盪於兩者之間，繼續猶豫下去，以至於兩頭都落空。

最後一個具有重要意義的心得：當英特爾的經營環境大變，管理階層還在尋找什麼別出心裁的記憶體發展策略，並為此爭論不休，企圖打一場不可能贏的戰爭，那些我們不認識的中下階層員工，卻已為我們打好策略大轉向的基礎，使我們得以在危急之秋，脫離險境，從而為公司帶來美好的前景。

原來，我們的中階幹部，早已依據供需狀況，將越來越多的生產資源，用在滿足逐漸成形、壯大的微處理器市場。這不是高階主管採取某種策略性決定的結果，而是中階幹部在日常的例行性決定中，自然達成的現象。生產規劃人員與財務人員在一次又一次，永無止境似的生產工作分配會議上，一點一滴逐步將矽晶圓的生產能量，從虧本的記憶體轉移到利潤較高的產品，如微處理器。就這樣，中階幹部只是執行日常任務，卻已在無形中調整了英特爾的體質。等到我們真正做成脫離記憶體產業的決定，英特爾的八家矽製品工廠已只剩下一家在生產記憶體。於是，由於中階幹部平常的努力，我們改變經營方向的重大決策，並未造成什麼劇烈變動。

這一點，並無絲毫不尋常之處。身在前線的人，通常較早意識到迫臨的變化。比起管理階層，業務員通常更早探知流動的顧客需求；而基本經營條件改變時，財務分析師往往最早察覺。

管理階層通常是公司裡擁有「理念」、「信念」的人，但這些理念係由過去的成功經驗所形成，反而有礙於他們回應環境的變化。生產規劃人員和財務分析師則始終生活於客觀的世界，面對冷硬的資源分配和數字。高階主管往往必須在經歷經濟循環週期的危機，目睹赤字長期揮之不去的現實之後，才能恢復理智，痛下決心，脫離過去以來遵循的軌道。

然則我們這些在英特爾的人有些什麼異常的本領嗎？我不這麼想。我只敢說，英特爾是一家管理優良的公司，擁有健康的公司文化、傑出的員工，以及不錯的業績記錄。尤其重要的，英特爾當時還未滿十七歲，而在那十七年裡，英特爾曾經創造了幾個重要的經營領域。我們確實很優秀，但當我們陷入策略轉折點，也曾差一點失去這一切，變成另一個Unisem、Mostek或「先進記憶系統」。

6 信號？還是雜訊？

先回答一些問題，你才能分辨

「我們如何知道一項改變是策略轉折點的訊號？唯一方法是透過廣泛和密集討論而來的釐清過程。」

大多數策略轉折點都是躡著貓足，悄悄靠近的，不會擊鼓鳴金，堂而皇之地降臨。

一開始，它們彷彿是雷達螢幕上遙遠而模糊的影像。除非事後回顧，你通常無法清楚地看到它們的存在。事過境遷之後，或許你會問自己，你最初隱約意識到自己正面臨一個轉折點，是在什麼時候。這時，你回想起來的，通常是一些看似微不足道，卻暗示著競爭情勢業已轉變的細節。

在什麼情況下，某個變化真的是策略轉折點？在商業世界裡，變化無所不在，也無時不在。有時是小變化，有時是大變化。有些變化只是短暫的，有些則意味著新時代的來臨。所有的變化，都由不得你忽視；但不是每一個變化，都代表策略轉折點。

然則一旦察覺變化，你怎麼知道那代表什麼？換句話說，你怎樣才能分辨「信號」與「雜訊」？

X光射線科技會是十倍速因素嗎？

若干年前，IBM的科技人員告訴英特爾和其他公司的同行，日本半導體製造商已投下大筆資金，建造極端昂貴的巨型設施，計畫超越一般技術的局限，製造更為精細的晶片。這一回，日本人是要利用X光射線，而非一般光線，來鏤刻晶片的形貌。據IBM的人說，日本已有十餘家這樣的工廠正在興建。他們擔心，日本人投資X光射線技術，代表半導體製造技術即將發生根本變革，而美國廠商只能望洋興嘆，永遠也追趕不上。如果他們的說法是正確的，X光射線技術有可能成為科技上的十倍速因素，導致轉折點的出現，使我們從此一蹶不振。

ＩＢＭ認為，這種發展趨勢極可能帶來嚴重威脅，因此決定大手筆投資Ｘ光射線設備。這個消息，我們的人當然很重視。ＩＢＭ的科技專家絕對是優秀的、卓越的，人們自然會因為他們看待這威脅的態度，而心生憂懼。何況他們並不是唯一持此看法的人。然而，經過一番研究之後，英特爾的科技專家認為，Ｘ光射線技術問題極多，不具生產價值。尤其重要的，他們相信，我們目前所採用的科技還可以持續改善、進步，在未來製造出一代比一代精細的晶片。

ＩＢＭ和英特爾回應Ｘ光射線技術的不同態度，說明前者認為那是一個「信號」，而我們則視之為「雜訊」。於是，我們決定不跟進研究（十年後，事情的發展證明，我們恐怕是對的。及至我撰寫本書的此刻，就我所知，在可見的未來，無論ＩＢＭ或日本廠商，都無意採用Ｘ光射線技術來製造晶片）。

這個例子說明，同是能力超拔、態度嚴謹的人，面對同一個狀況，也可能做出截然不同的判斷。這種情形，一點也不罕見。世界上根本找不到一個十拿九穩的公式，可以讓你賴以區辨信號與雜訊。但是，惟其沒有十拿九穩的公式，所以無論你做出什麼判斷，你都必須仔細斟酌，並在以後的日子裡反覆檢驗。十年前，我們研判，Ｘ光射線技術不會構成十倍速因素。但我們並未懈怠，仍繼續密切觀察，注意這個威脅有沒有擴大、消滅，或只是維持原狀。

且把你周遭環境裡的變化（無論是科技上的變化與否），當作雷達螢幕上的影像。一開始，你可能無法指出那模糊的影像代表什麼，但你繼續觀察，注意那東西有沒有一直靠近，速度如何，靠近時呈什麼形狀。即便那東西只是一味徘徊於邊緣位置，你也要保持警戒，因為它的路徑和速度可能改變。

對於X光射線技術，我們即是以這種方式處理的。好幾年來，它就一直存在我們的雷達螢幕上。今天，我們仍不認為需要在這方面投資。但是，一年後，三年後，或五年後，一旦我們已竭盡目前看來成本效益較高的各種技術，情況可能為之丕變；我們一度判定為雜訊的（而那是正確的判斷），可能會變成信號，不容忽視。這種事，本來就不是一成不變的；即便曾經是，事情也會變。因此，對於可能在你的行業中變成十倍速因素的發展，你必須隨時保持高度警覺。

RISC與CISC之爭

就潛在的十倍速因素而言，X光射線技術的問題算是比較單純的。IBM的科技專家持某種看法，英特爾的專家則別有主張。我們所做的，只是遵循我們內部共同的判斷。

有時，事情要複雜得多：不只我們和別人持不同意見，而且我們公司內部也存在不同觀點。激烈萬分的RISC與CISC之爭，便是一個很好的例子。直至今天，這場爭論都還沒完全結束。RISC與CISC是兩個電腦術語的縮寫，前者代表Reduced Instruction Set Computing（精簡指令集運算），後者代表Complex Instruction Set Computing（複雜指令集運算）。至於它們的深奧意義，我們大可不必細究。就目前討論上的需要而言，我們只需知道，它們是指兩種設計電腦的不同方法——因此也是兩種設計微處理器的不同方法。

關於這兩者孰優孰劣的爭論，將電腦業界分成了兩個陣營，對峙雙方幾乎是水火不容。CISC歷史較久，RISC則是較新的技術；同樣一個結果，RISC可以用比較少的電晶體達到，CISC所需要的電晶體就要多得多。

英特爾晶片採用的是CISC設計。八〇年代末，別家公司開始研發RISC時，英特爾當時的微處理器386已經上市，而下一代的英特爾微處理器486正在開發階段。486所使用的架構與386相同，但效能較佳、較先進；所執行的軟體相同，但執行的情況較好。這一點，對英特爾而言，是極端重要的考慮。從以前到現在，我們始終堅持，顧客為上一代微處理器購置的軟體，我們接續開發的任何一代新微處理器必須可以與之相容。

我們公司有些人認為，RISC技術代表具有十倍力量的進步，一旦掌握在別人手上，極可能對我們的核心事業構成威脅。因此，為了分散風險，預留後路，我們也撥出一部分力量，積極研發以RISC技術為基礎的高效能微處理器。

然而，這個計畫有一個嚴重缺陷。儘管新的RISC晶片更快、更便宜，卻無法與市面上流通的大多數軟體相容。一個產品的相容性高低，乃是它能否普及的主要決定因素之一。昔日如此，今日依然如此。因此，想到我們將要生產一種不相容的晶片，確實令人不安。且設想我們公司管理階層裝置了一具雷達螢幕，專司研發計畫的篩選，以確保我們的相容性政策得以貫徹。為了順利通過雷達偵測，擁護RISC計畫的工程師和技術部門經理遂多方偽裝，宣稱他們所從事的工作，是開發可以配合486的輔助性晶片。當然，這不是事實。自始至終，他們私心盼望，有朝一日，新科技所展現的威力，將會使他們開發出來的晶片成為主流產品。總之，這項計畫繼續推進，終於開發出極具威力的新微處理器i860。

於是，我們幾乎是在同一個時候，推出了兩種威力強大的晶片：基本上採用CISC技術設計，與所有PC軟體相容的486，以及採用RISC技術，運轉極快，卻什麼軟體也不相容的i860。我們不知道怎麼辦，只好將它們都推出去，心想就讓市場去決定吧。

但事情可沒有那麼單純。要推出一個微處理器架構，就得提供所有必要的電腦相關產品。如軟體、銷售服務、技術服務，而這可是一筆龐大的資源。即連英特爾這樣的公司，使盡吃奶的力氣，也只能滿足一個微處理器的需求。而現在，我們手上有兩個互相競爭的計畫，需索無厭地攫取公司的內部資源。猶如眾所皆知的，芥菜子必然不斷茁狀、滋長（新約馬太福音十三章三十一節），持續擴張乃是任何發展計畫的固有特性。為爭奪資源與市場知名度，我們的微處理器部門竟分裂成兩個陣營。同時，我們模稜兩可的態度，也讓客戶不禁懷疑，英特爾究竟會以486還是i860為主力產品。

看著這種情勢，我內心的不安日益加劇。首先這問題涉及我們公司整體運作的核心——微處理器事業。不過數年前，我們才重新大幅調整公司的發展方向，放棄記憶體事業，將營運重心置於微處理器。其次，眼前這場RISC與CISC之爭，可不像X光射線技術的爭議，所關涉的只是十年後可能浮現，但也可能不會浮現的因素。對於這場微處理器發展方向之爭，我們必須馬上有所決定，而我們的決定攸關公司的興衰存亡。如果RISC的走向意味著某個策略轉折點的到來，而我們沒有及時採取適當行動，英特爾在微處理器領域領袖群倫的地位，就有可能在頃刻之間被取代。但是，386的表現甚為傑出，其驚人潛力似乎肯定可以延伸到486，乃至於未來好幾世代的微處理器身上。因此，我們應該放棄一個好產品，一個目前看來至少穩當、可靠的產品，而「自貶身價」，重返戰場，與其他廠商的RISC架構競爭嗎？在這個新的競技場上，我們並未擁有任何特殊優勢。

我本人固然具有科技背景，卻不是專攻電腦科學。對於此間涉及的架構問題，我可不敢隨便發言。不錯，英特爾是有不少人具備相關的背景，但他們全都分裂為兩個敵對陣營了，而每一個陣營對其晶片的優越性都有百分之百的信心。

同時，我們的客戶和其他微處理器廠商的意見也不一致。我們的大客戶康栢公司的執行長，向以專業素養著稱，就對我們——尤其我個人——多所關照，一再鼓勵我們將所有精力放在改進CISC系列微處理器的性能。他深信，這種架構所具備的威力，足可讓它在市場上領先群雄十年。他不希望我們分散資源，把大量時間和金錢投注在對康栢而言毫無用處的產品。另一方面，微軟公司科技部門的主要幹部，則慫恿我們發展某種「860 PC」。請記住，我們的客戶用來與英特爾微處理器搭配的大多數軟體，都是微軟的產品。歐洲一家客戶的領導人也曾告訴我：「安迪，這和流行服飾業沒有兩樣。我們需要一些新鮮的東西。」

486 正式推出時，客戶的反應極佳，我記得，在芝加哥的產品發表會上，冠蓋雲集，電腦製造業的所有知名人士幾乎都出席了。他們全都表示，已準備生產 486 電腦。那時，閃過我腦海的念頭是：「管他是不是 RISC，我們怎麼可能不使盡全副精力，延續這聲勢？」這以後，RISC 與 CISC 之爭成為過去，我們重新把重點置於 486 及其後續產品。

如今，事隔六年，回顧這場爭論，想到我們迄今仍然擁有驚人潛力和發展空間的傳統科技，自己居然曾經考慮放棄，我不禁搖起頭來。事實上，RISC 科技當年似乎優於 CISC 科技的特點，今天看起來已經沒有那麼了不得了。然而，當時，我們的確曾認真考慮大幅調整資源分配。

辨認信號的一些指標

有時候，信號異常明確。我們清楚看到，某種事件即意味著策略轉折點的到來。我相信，人們不需要做什麼研究，就可以判斷，昔日導致 AT&T 解體的「最後修正裁判」確是重大事件。人們應該也不難知道，當食品藥物法完成立法，政府開始要求廠商誠實標示藥品成分，整個美國成藥產業就會大震盪，以後的產業形貌勢必迥異於過去。毫無疑問的，這些事件都代表了有關產業經營環境的重大變動。

但大部分時候，情況可不是這樣。大多數策略轉折點都是躡著貓足①，悄悄靠近的，不會擊鼓鳴金，堂而皇之地降臨。一開始，它們彷彿是雷達螢幕上遙遠而模糊的影像。除非事後回顧，你通常無法清楚地看到它們的存在。事過境遷之後，或許你會問自己，你最初隱約意識到自己正面臨一個轉折點，是在什麼時候。這時，你回想起來的，通常是一些看似微不足道，卻暗示著競爭情勢業已改變的細節。就記憶體產業的故事而言，我不禁想起，英特爾派往日本考察的人回來以後表示，原本對我們禮遇有加的日本生意人，現在對待我們似乎總帶著前所未有的輕蔑神色。總之，訪日歸來的人說：「有些什麼事情已經變了，不一樣了。」這句話，以及類似的感想，使我們益發清楚地覺得，某種變化已經逼近，而且這可不是出於想像。

然則你怎樣才能知道，哪一種變化意味著策略轉折點的來臨？

嘗試提出並回答下列問題，或許有助於你辨別雜訊與信號——

- 你的主要競爭對手要換人了嗎？首先，請向自己提出一個假設性的問題，以便釐清自己心目中的主要對手到底是誰。這個假設性問題，我稱之為「銀子彈測試」：試想，如果你有一把手槍，槍膛裡只有一顆子彈，你會把它留給諸多競爭對手裡的哪一位？在不容猶豫的情況下，這個問題通常會激起情緒性的反應。我發覺，人們多半可以不假思索地提出答案。但是，如果你不再像往常一樣，有一個直接、明確的答案，而且你公司裡有人將銀子彈指向先前不值得如此重視的對手，你最好坐直身子，特別留意一下。一旦競爭者的分量有所轉移，通常便意味著有什麼重大事情即將發生。

①譯按：這是美國作家桑德堡（Carl Sandburg, 1878-1967）寫霧的著名詩句（The fog comes/ on little cat feet.）。本書作者取譬於貓或霧，極言其悄然無聲。

- 請以類似的方式自問：你的主要協力業者要改變了嗎？對你自己和你的事業而言，過去數年來最關緊要的公司，現在是不是顯得不那麼重要了？是不是看起來有別家公司就要冒出頭來，使它們相形失色了？如果答案是肯定的，這可能就是產業結構即將改變的信號。
- 你周遭的人看起來是不是有點「走樣」？多年來一向表現傑出的人，是不是突然間顯得遲鈍起來，老是無法掌握事情的重點？請好好地想一想。每一個行業都有其「進化原理」，在激烈競爭中造成優勝劣敗的結果。你和其他管理階層的同僚，都是因為經受了這股進化力量的考驗，脫穎而出，才得以位居公司高位的。就你們行業先前的狀態而言，你們都擁有優秀的「基因」。但是，如果這個行業的關鍵因素已經改變，使你們擁有今日地位的那個「物競天擇」過程，說不定會反過來妨礙你們認清新的趨勢。假使突然間有人好像總「搞不懂怎麼一回事」，這恐怕就是一個警訊。不過，老是對當前情況困惑不解的，也可能是你自己。一旦你的同僚或你自己搞不懂怎麼一回事，也許不是因為你們的年紀已逐漸老大，而是因為你們所搞不懂的那「一回事」已經改變。

考慮有助於你的卡珊德拉

在希臘神話故事裡，女祭司卡珊德拉（Cassandra）早已預見特洛伊城將被攻陷。同樣的，有的人就是能夠迅速看出逼近的變化，並及早提出警告。如果你公司裡有類似卡珊德拉這樣的人，應該有助於你們辨認策略轉折點。請勿輕忽他們的預言。

這類預言家可能分布於公司裡的任何階層，任何角落，但以中階幹部居多；同時，他們多半服務於業務部門。對於即將來臨的變化，他們通常比高階主管還清楚。這是因為他們有許多時間都是在外面奔波，飽嘗真實世界的風霜。由於尚未充分經過昔日進化力量的淘洗，他們的「基因」還不符合過去的完美標準。

身處一個公司的前線，比起安居於公司總部，外圍有重重屏障的高階主管，卡珊德拉們覺得自己更容易受到攻擊、傷害。壞消息對他們的打擊，也遠較高階主管所感受的直接。失去一筆生意，會直接影響業務員的佣金；研發一種科技，卻始終未能上市，工程師的事業可能為之中斷。無怪乎對於任何警訊，他們總是不敢輕忽。

不久前，一個晚上，我檢查電子郵件信箱，發現負責亞太地區的業務經理傳來一封信。轉述該地區某個爆發性的消息，涉及一個潛在的競爭力因素。他談到的事情，其實是我們早已熟悉的劇情。但他在談論這消息時，語氣顯得極端憂慮，甚至近乎恐慌。他寫道：「我無意杞人憂天，大驚小怪。我也知道，像這類事情其實不時都會出現。但這樁事，確實叫我不得不注意。」他無權建議任何行動方針，他只是要求我注意這個情勢，敦促我正視它可能的嚴重性。

我當下的反應，是一笑置之。這位業務經理身在「敵區」，而我身在「大後方」的加州，自然覺得安全得多。然則我的觀點對嗎？還是他的看法才對？畢竟身在亞太地區，並不表示他對有關情勢的評估一定對，而且我可以宣稱，我所在的位置較能綜觀全局。但是，如果「戰場」上的同事傳遞信息的語氣有所變化，我早已懂得去尊重。同時，我會注意觀察有關情勢的進一步發展。事實上，關於這位經理所提供的情報，我那時已決定對其可能影響展開廣泛調查。

你不需花什麼力氣去尋找公司裡的卡珊德拉。如果你是管理階層的人，他們自己會來找你。一個人只要熱中於他所推銷的產品，必然會努力去推銷；同樣的，卡珊德拉們也熱中於「推銷」他們的憂慮、焦急。他們來找你時，別和他們爭辯。雖然不免要耗費一些時間，請盡你所能，耐心聽完他們的話，試著了解他們所知道的事，並釐清何以這件事對他們造成這麼大的影響。

你可以把花在聆聽他們傾吐的時間，當作一種投資，用來了解發生於你的企業周邊的事，儘管那可能是遙遠的周邊。我所謂周邊，所謂遙遠，可以是指空間上的意義，也可以是就科技上的關聯性而言。你不妨這麼想：春天來臨時，周邊的雪最易受曝曬，因而最早融化。把來自周邊的消息列入考慮，非常有助於你從無數雜訊中篩選出信號。

這種有個微妙的區別，值得細究。當我說「了解發生於你的企業周邊的事」，其意義截然不同於「了解發生於你的企業的事」。在平常的運作中，我常和總經理，和業務部經理，和製造部經理談話。從他們那兒，我了解到這企業裡發生什麼事。但他們提出看法時所在的位置，與我的距離不算非常遠。換言之，觀點可能相差不大。但是，如果提供消息或資訊的人，在空間上距離我很遠，或在公司的組織架構上低我好幾個階層，我便有機會了解全然不同的看法，從而多一個觀察這企業經營情況的角度。如此一來，不太可能從平常接觸中獲得的見解，便可能會出現。

當然，你不能把所有的時間花在聽取隨意「輸入」的信息。但你應該對所有的信息保持開放態度。維持這種作風，你自然會培養出一種判斷力，知道誰的意見可能包含了寶貴的資訊，誰是在濫用你的開放態度，老是以噪音擾亂你。然後，假以時日，你接收信息的能力、方向，就會有所調整。

有時，卡珊德拉們所提供的並非什麼噩耗，而是觀察事物的新方式。在英特爾內部有關RISC和CISC的爭論白熱化的期間，我最困惑的時候，我們的首席技師要求見我。他坐下來，條理井然地分述他的觀點，同時又以我截至當時聽過最客觀的說法，說明另一造的主張。他的知識和見解，彌補了我對這個領域的信心和專業素養的不足，有助於我在聽取雙方辯論時，得以更充分了解我所聽到的話。儘管這次接觸並沒有讓我就此達到一個堅定不移的立場，卻協助我形成一個理解架構，而有能力更恰當地評斷所有其他人的論點。

再以英特爾放棄記憶體生意的例子來說，「記憶體公司」英特爾怎麼會在一九八〇年代中期，走到八間工廠只剩下一間在生產記憶體晶片的地步，讓我們脫離記憶體行業時得以少一點折磨、痛苦？這必須歸功於公司裡那些鎮日守在現場，逐日逐月費心分配晶圓產能的財務與生產規劃人員。他們早已自動自發地將矽晶圓產能，從看來缺乏效益的產品（特別是記憶體），逐漸轉移到利潤似乎較高的產品，譬如微處理器。他們無權叫我們放棄記憶體行業，但他們有權透過一個個小步驟，對產能分配進行微調。好幾個月下來，他們的行動使我們在最後終於下定決心自記憶體行業抽腿時，得以比較平順地度過脫胎換骨的過程。

管理大師彼得・杜拉克（Peter Drucker）曾提及一種對企業家的定義，說：所謂企業家，就是把資源從低產能與低產量的領域，轉移到高產能與高產量的領域的人。[②]一個足夠積極主動，足夠聰明伶俐的中階幹部，對他管轄下的資源所做的，其實就是這麼一回事。這資源，包括生產規劃人員所控制的晶圓產能分配方式，也包括業務員對自己時間與精力的規劃。凡此一切，究竟是中階幹部隨意的作為，還是經過設計，然後加以落實的策略？不錯，乍看之下，這些都不像策略性的行動。但我認為，這其實就是明智的策略。

②「法國經濟學者賽伊（J.B. Say）於一八〇〇年前後曾說：『企業家把經濟資源從低產能與低產量的領域，轉移到高產能與高產量的領域。』」見杜拉克著《開創與企業精神：實例與原則》（*Innovation and Entrepreneurship: Practice and Principles*, Bungay, Suffolk: Willian Heinemann Ltd., 1985），頁一九。

避免第一版的陷阱

卡珊德拉們可以很快就注意到十倍速力量的最初徵兆。但這些徵兆，往往和看似具有十倍速力道其實卻沒有力量的徵候，混雜在一起。譬如說，網際網路真的那麼不得了嗎？有一天我們會以電子方式處理所有的金融業務嗎？互動式電視將會改變我們的生活嗎？數位式傳媒將會改造整個娛樂業嗎？

首先，你應該知道，所有手上擁有任何一種精美產品的人，都會到處去宣揚、推銷，並有意無意地加倍努力，讓他們的產品看起來說有多重要就有多重要。事情既然如此，存疑毋寧是自然的，而且你是應該抱持懷疑態度。

其次，你應該知道，一旦你親身去體驗，試著了解上述這些發展，你會發現，它們多半不似大家宣揚的那樣一回事。早期，在網際網路上，從某個站址到另一個站址，總像是漫漫無盡頭的路程，而一旦到達目的地，你多半只能看到陳腐無趣的促銷文宣品。迄今，在銀行業務裡，要以電子方式替代印章仍然不甚可行；而互動式電視，似乎在宣告它問世的偉大宣言墨跡未乾之前，便已消失無蹤。

不過，切勿關掉雷達螢幕，照常埋頭經營你的事業，而輕忽了乍看起來不怎麼樣的新事物。評估一項變化時，常見的陷阱之一，是僅憑它最初顯現出來的樣子，就論斷它的意義。這種危機，我稱之為「第一版的陷阱」。

一九八四年，蘋果公司推出麥金塔電腦時，我認為那只不過是可笑的玩具。別的問題且不提，它連個硬碟也沒有（當時，所有的ＰＣ都已安裝硬碟），而且慢得叫人受不了。由於這兩大缺點，我只覺得，麥金塔的圖形介面是個討厭的東西，而不覺得那是什麼重大的進步。麥金塔初次安裝啟用的表現，害得我根本看不見伴隨圖形介面而來的重要特徵，譬如以其圖形介面為基礎的任何應用程式，都具有某種一致性；你只需學會其中一種程式，就會操作所有其他程式。但是，當時我被麥金塔第一次亮相時出現的種種問題蒙蔽了，竟無法看到問題背後的科技之美。

一九九一年，蘋果公司開始談論名為ＰＤＡ（personal digital assistant，個人數位助理）的手持式電腦裝置時，無論英特爾公司內外，許多人都認為，這是一股十倍速力量，將會改造整個ＰＣ產業。很多人說，ＰＤＡ之於ＰＣ，將一如ＰＣ之於大型電腦。為了避免錯過這個可能發展，我們一方面在外頭投下大筆資金，一方面在內部展開研究，以確保來日ＰＤＡ浪潮襲來時，我們不但不會缺席，而且占有一席之地。然而，接著，一九九三年蘋果的牛頓（Newton）問世，卻立刻遭到嚴厲批評。

這表示什麼？只因為它初次表現不如人意，所以就不是十倍速力量嗎？每思及此，你就應當注意到，大多數東西最初的樣子通常都不是那麼令人滿意。麥金塔的前身，第一種擁有圖形使用者介面的商用電腦——麗莎（Lisa），並不受人歡迎。第一版的Windows何嘗不也如此？曾經有好幾年，人們都把它當作劣等產品。有很多人說，Windows不過是擁有漂亮臉孔的DOS。然而，不久，圖形使用者介面，尤其Windows，已經演化成重塑電腦產業的十倍速力量。

我想要說的，是你不能僅憑「第一版」的品質，就論斷一個潛在策略轉折點的重要性。你必須訴諸經驗。或許你還記得，PC初次亮相時，你有什麼反應。當時，你可能不覺得那是什麼革命性產品。網際網路亦復如是。但是，下次你盯著連上網路的電腦螢幕，等著全球資訊網（World Wide Web，縮寫作WWW）上某一個首頁慢慢成形時，不妨敞開胸懷，想像一下：如果傳輸速度加倍，這會是什麼樣的光景？如果情況更好，速度加快十倍呢？如果製作這些首頁的人是專業編輯，而非業餘玩家；如果這是他們的主要工作，而非副業，那麼各個首頁的內容看起來將會是什麼樣子呢？你只要記得PC是如何迅速演進、發展的，可能就不難揣想網際網路的前景。

且設想你正面對某個新事物，思忖它的價值。你可能覺得，身為一名顧客，即使那東西好上十倍，你也不會感興趣。你可能認為，即使確實有某個公司提供這種產品，也不會改變「銀子彈測試」的結果，或重塑協力產業的結構。如果是這樣，日子將一如往常般地過下去，只不過生活裡多了一樣精巧的新玩意兒。

但是，如果你的直覺告訴你，眼前這新玩意兒只要再好上十倍，就可能釋放令人倍感興奮或威脅的能量，那麼你此刻所面對的，非常有可能是某一個策略轉折點的開端。如果是這樣，你最好深入分析，仔細觀察，徹底了解某個新產品或新科技長期的潛力和重大意義，而不要被它最初的樣子和品質所欺瞞。

論辯是有益的

要知道某一項發展是不是策略轉折點，最重要的途徑是廣泛而密集的論辯。這場論辯應該涉及好幾個方面，包括——科技面的問題：舉例言之，RISC是不是必然快十倍？市場面的問題：這是一時流行，還是真的值得經營？以及在經營策略上的可能影響：如果我們大幅改變經營方向，會對既有的微處理器事業造成什麼影響？如果我們不做改變呢，又會有什麼後果？

問題越複雜，公司管理階層參與討論的層次就應該越多。來自組織架構上不同層次的人，將會把全然不同的觀點和專業知識，以及迴異的「基因結構」，帶到會議桌上。

此外，這場討論也應該讓公司外面的人參與。我們的客戶、供應商、協力業者等，不但擁有不同領域的專業素養，也各有其不同的利益所在。猶如康栢執行長敦促我們繼續發展ＣＩＳＣ時所做的，外人會把他們各自的偏見和利益考量攙進這場討論。但是，不要緊。畢竟一個企業要想成功，就必須也能滿足外人的需求。

這樣的論辯確實令人害怕，不但會占用你許多時間，也會耗費你許多心力。同時，你還必須有足夠的膽量。在這場論辯中，你可能會輸，可能會暴露你在知識上的不足，還可能因為採取令人討厭的觀點而引起同事的反感。是的，要參與論辯，你必須有足夠的勇氣。做生意，經營事業，本來就是這麼一回事。不幸得很，你們如果是想釐清某個現象是否策略轉折點，就更沒有其他捷徑了。

如果你是個高階主管，別因為花時間懇求專家提供他們的觀點、信念、好惡，就覺得自己像個白痴。身為公司領導人，即使你迅速做出決定，只要那是錯誤的決定，就不會有人為你立碑讚頌——別人不會因為那是複雜萬分的決定，就寬待你。別急，多聽聽別人怎麼說，直到你聽到的消息都只是重複你已經聽過的，直到你內心已形成自己的想法。

如果你是中階幹部，那就別當個白痴，光是站在一邊，等著高階主管做決定，然後才在事後邊喝啤酒，邊說風涼話，批評他們：「天哪，他們怎麼會那麼笨？」你參與的時機到了。無論對公司或對你自己而言，你都應該這樣做。別藉口你不知道答案，就躲得遠遠的；在像這樣的時候，沒有人知道答案是什麼。請提出你最深思熟慮的意見，並請明白有力地提出。要做到什麼程度，才算已經參與了呢？要做到公司已經確實聽到和了解你的看法。在這場論辯中，顯然沒有任何一方會獲勝，但所有的意見都有助於形成正確的答案。

如果你什麼部門主管也不是呢？如果你只是一名業務員、一名電腦工程師，或一名技師，手下沒有半個人，那又該怎麼辦？你就應該什麼也不管，讓別人去做決定嗎？不，相反的，你擁有「第一手」的知識，因此絕對夠資格被視為具有專業素養的公司骨幹。一旦在這類論辯中扮演起積極的角色，你從工作中親身得來的經驗，比其他人都要來得深入，恰好可以彌補你的視野或許不夠寬廣的缺點。

我們應該切記，這樣的論辯，目的究竟何在。一點兒也別以為，論辯到最後，有關各方就會達成一致的觀點。如果你這樣想，那就太天真了。但是，論辯各方在陳述其意見的過程中，將會把他們的論點和論據，琢磨得更清楚、明確，於是整個討論的焦點就可以越來越清晰。逐漸地，有關各方便能穿透各種論點周遭的混雜、晦暗之處，清楚地了解問題所在及**彼此**的觀點。論辯之為物，像極了攝影師沖洗照片時提高明暗反差的過程。這個過程所產生的影像越清晰，管理階層所做的決定，就越有依據，甚至越有可能正確。

重點是策略轉折點很少是清晰的。同是見多識廣、用意良善的人，面對同一個影像時，卻可能賦予截然不同的詮釋。因此，匯集所有有關各方的聰明才智，來共同提高影像的清晰度，才會變得如此重要。

如果上述這種激烈論辯的場景令你心生恐懼，那是可以理解的。帶領一個組織通過一個策略轉折點，所面臨的許多情況，確實會嚇壞許多人，包括高階主管。但畏難退縮，無所作為，可能會為公司帶來厄運，那才真的比什麼都還嚇人！

資料與數據的陷阱

當代的管理理論認為，處理任何辯論或討論，你最好是訴諸手上的資料與數據。這是一個值得採納的好建議。人們在不經意間，以意見代替事實，以情緒代替分析，是個非常常見的現象。

但是，資料關乎過去已發生的事，策略轉折點卻涉及未來。等資料顯示日本記憶體廠商正逐漸坐大時，我們已經陷入為生存而奮鬥的困境。

下面這句話聽起來或許有些不負責任，但我仍然要說：你必須知道何時可以利用資料，何時卻應該把資料蓋起來。你必須知道什麼時機應該憑藉資料來論辯。然而，如果你的經驗和直覺指出，有某個力量當時雖然還微不足道，所以在任何分析裡都還看不見，卻有可能日益壯大，乃至於改變你賴以經營事業的規則，這時，無論如何，你都應該能夠提出論點，駁斥資料，與資料「辯論」。我要說的，是對新出現的趨勢，你很有可能不能依據資料，進行理性的推測；這時，反而應該訴諸個人的觀察心得和直覺。

恐懼之為用

首先，人們必須能夠坦白說出心底話，而不用擔心會遭到懲罰。然後，他們才可能針對棘手的問題，進行建設性的論辯，而達成某種結果。

品質管理大師戴明（W. Edwards Deming）力主驅除公司裡的恐懼感。③我卻擔心，人們會過度簡單地理解這個主張。公司幹部最重要的職責，便是營造一個環境，促使員工積極追求市場上的勝利。為了創造和維持這種積極性，恐懼其實扮演了非常重要的角色。恐懼競爭對手，恐懼破產，恐懼做錯，恐懼落敗——這一切，都可能激發工作熱忱。

我們怎樣才能「培養」員工恐懼落敗的心情呢？除非我們自身也有這種感受，否則不可能辦到。如果我們真的恐懼有一天，或任何一天，在我們環境裡的某個角落，有某種發展會改變遊戲規則，那麼，我們的同事將會察覺這份憂懼，並跟著也憂慮起來。於是，他們會保持高度警戒，時刻注意他們的雷達螢幕。當然，這樣一來，我們可能不免老是聽到有人疑神疑鬼，宣稱某個策略轉折點即將逼近，結果發現那只是假警報。但是，與其錯失信號，疏忽可能對你的事業造成永久傷害的環境變遷，不如多注意一下這些警訊，逐一分析，然後設法處理。

正是出於恐懼，我每天都會在工作一整天之後，檢查電子郵件，搜尋問題：顧客的不悅、新產品研發過程的可能疏失、某些重要員工有所不滿的謠傳。也是由於恐懼，每天晚上，我都會閱讀商業報刊上有關競爭對手新發展的報導，並撕下特別令人心驚的文章，第二天帶到辦公室，繼續追蹤。由於恐懼，即使我已經累得吃不消，只想大叫「夠了，天空又不會塌下來」，並回家去，我還是會強自振作，傾聽卡珊德拉們的意見。

簡而言之，恐懼可以成為自滿的剋星。因自滿而受到傷害的，通常正是那些最成功的人。我們經常看到，有些公司擁有極其卓越的能力，恰好符合他們的環境需求，因而不免自滿起來。然而，一旦環境發生變化，他們多半是最慢採取適當因應措施的公司。只要恐懼落敗的情緒夠強烈，這些人或公司的生存本能就會變得敏銳一些。

正是因為這樣，所以我總以為，我們這些英特爾的人，有機會經歷第五章所描述

---

③見於戴明博士著《脫離危機》（*Out of the Crisis*, Cambridge: Massachusetts Institute of Technology Center for Advanced Engineering Study, 1988）。

一九八五年和八六年的艱困處境，實在是夠幸運的。我們大部分的幹部都還記得，處於落敗的一方是什麼滋味。這些痛苦回憶，使我們很容易就喚醒在心底徘徊不去的恐懼，並萌生一股避免再度走下坡的決心。聽來或許有些奇怪，但我確實相信，害怕重蹈八五和八六年覆轍的這份恐懼，乃是我們獲致成功的重要因素。

但是，如果你是中階幹部，你可能會多面臨一種恐懼：恐懼自己萬一帶來凶訊，會遭到處罰；恐懼管理階層根本不願意聽到周邊傳來壞消息。這種恐懼，阻礙了你說出自己的真正想法，實在是一種可怕的病態。就一個公司的健全發展而言，最嚴重的傷害莫過於此。

如果你是高階主管，切記，卡珊德拉們的重要功能，本來就是傳達凶訊，提醒你注意可能的策略轉折點。因此，無論在任何情況下，你都不應該「射殺信使」，也絕不能容許任何一位為你工作的幹部做出這種事。

這個問題的重要性，我必須再三強調。擔心遭受懲罰的恐懼，乃是阻斷重要討論的罪魁禍首，通常得耗費多年時間才能袪除；但只要有一個意外事端，就足以引發恐懼。發生這種事端的消息，會像野火一般，迅速傳遍整個公司，造成人人噤聲不語的惡果。

一旦恐懼的環境已經造成，整個組織將會為之癱瘓，「壞消息」再也無法從周邊向中心回饋。一位市調專家曾告訴我，在她所服務的公司，從公司最高主管到她本人之間的管理階層，會層層沖淡她的調查結果所顯示的嚴峻現實。各階層管理幹部的名言是：「我看，他們不會想聽到這個消息。」於是，她調查所得的情報循著既定管道，層層往上遞送時，壞消息就被一點接一點，一項接一項地刪除了，公司的高階主管根本沒有機會看到。壞消息從未上達最高決策階層，而該公司也逐漸敗落，由盛而衰。從外面觀察，我發覺，這家公司的管理階層事先似乎一點兒也不知道，有些什麼事情會降臨在他們身上。我堅信，他們處理壞消息的傳統，必定是他們所以衰敗的主因之一。

前文曾經提及，在不同的時候，英特爾的亞太地區業務經理和一位重要科技人員，都曾找過我，向我提出警告或他們對某方面事物的見解。這兩個人都在公司服務了很久，是充滿自信的員工，也早已習慣英特爾的文化。他們都是務實的人，凡事講求結果，也都熟悉「建設性對抗」。他們了解，公司的這種文化特質，是如何幫助我們一起做出更好的決定，找到更好的解決方案。我們為什麼這樣做，為什麼不那樣做的道理——公司裡未曾明定的一些規則，他們也都了然於胸。在不同的時機，為了不同的理由，他們克服了內心的猶豫，做出了可能被視為危險的事情。其中一個人透過電子郵件，向我傳遞一件他認為將會構成嚴重問題的消息。這雖然可能是一項有價值的警訊，他本人卻可能想過，提出這樣一件事會不會顯得太愚蠢。但他知道，向我提出自己心中的疑慮，絕不會招致任何不好的影響。另一個人跑來向我解釋他對RISC的觀點時，恐怕是出於一個沒有說出口的意思：「喂，葛洛夫，對這方面的事你可是一點兒也不懂，讓我來教你吧。」他知道，我不會因為他的這種舉動，而感到不悅。

任何公司都有兩種人：擁有「知識權力」的人和擁有「組織權力」的人。熟悉自己責任區的業務員、熱中於最新科技的電腦技師和工程師，都是前者。負責集結、調度或調整資源，設定預算，指派工作或指定員工退出某項計畫的人，則是後者。從創業伊始，我們英特爾的人便致力於摧毀橫亙在這兩種人之間的藩籬。我們知道，就處理策略性轉變而言，這兩種人各有所長，絕沒有哪一種人比另一種人優秀的事。同時，這兩種人都應該盡其所能，發揮所長，引導公司達到策略上最好的結果。理想上，每一種人都應該尊重另一種人對公司的貢獻，而且都不應該以自己的知識或地位威脅對方。

創造和維繫這樣的環境，說起來容易，做起來難。戲劇化或象徵性的行動，是不會產生任何結果的。你必須「活出」那個文化，在日常生活中一點一滴去實踐、培養。你必須持續地促進上述那兩種人之間的合作與交流，以便尋求對雙方都有益的最佳做法。你必須獎賞那些甘冒風險，力求完善的人。你必須信守我們賴以運作的這些價值觀，並將信守這些價值觀列入事業經營的正式規章。還有，既然這種文化是我們最後的倚靠，如果有人無法順應，你就必須和他們分道揚鑣。我認為，英特爾所以能夠一次次順利通過策略轉折點的考驗，與我們維繫這種文化於不墜的成就息息相關。

7 最黑暗的時刻

任混亂作主吧！

——「解方來自實驗。只有不故步自封，才會帶來新洞見。」

解方來自實驗。

請放鬆公司平常時候原已習慣的控制，

讓人們去嘗試不同的技術，

研議不同的產品，利用不同的銷售管道，以及開發不同的客戶。

管理階層總是致力於制定和維持秩序，

但在這種時候，

他們對新的和不同的事物必須更加容忍。

唯有揚棄老舊的成規，才可能產生新的洞見。

管理之於轉變，無論有關論述說得多麼天花亂墜，實情是我們經理人無不痛恨轉變，尤其這轉變涉及我們本身的時候。通過策略轉折點的同時，必然伴隨著困惑、不確定，以及失序。無論就企業經營的層面來說，或就個人層面來說，都是這樣。企業整體必然動盪不安；如果你身在管理階層，你個人也必然深感困惑迷茫。這兩個層面關係之密切，遠高過我們的想像。

感性議題

一個公司如何通過策略轉折點，如何處理這個過程中的種種問題，主要決定於一樁非常「軟性」，甚至「感性」的事：經理人對危機的感情反應。

這一點也不奇怪。企業家不只是經理人；他們也是人。他們有感情，而他們的感情有一大半和他們企業的特質與營運狀況密不可分。

如果你是高階主管，你之所以享有今日的地位，可能是因為你已將大半生奉獻給你所從事的行業、你所屬的產業，以及你的公司。如同大多數企業家，你之所以為你，和你的生平事業已不可分割。因此，無論商學院或管理課程如何盡其所能地，將你塑造成理性的資料分析家，一旦你自己的事業遭遇嚴重困難，幾乎毫無例外地，客觀分析總是退居第二位，任由感情反應發號施令。

如果你是中階幹部，以上所述大體上一樣適用。但這時，遭遇困境的不只是你所服務的公司，你個人的工作通常也面臨危機。公司如何順利通過策略轉折點，可能會決定你個人的飯碗。

身為經理人，企業遭遇策略轉折點時，你在感情上所經受的一切，和個人面臨嚴重失落時的感情歷程大抵相似。同樣的，這沒有什麼可奇怪的。策略轉折點的最初階段，其實也是一連串的失落——你的公司失去在某個行業裡的顯赫地位，失去它之所以為它的特質；你失去控制公司命運的自信，失去工作保障。最令人難堪的，或許是你不再是贏家的成員，因為你的公司如今已是輸家。個人因親友去世而悲痛逾恆，其間的感情起伏、轉折，通常包括幾個階段：拒絕承認、憤怒、懇求、抑鬱，以及最後的接受現實。經歷策略轉折點時，經理人的感情反應與此相近，但略有變化：拒絕承認現實、逃避或轉移注意力，然後終於接受現實，採取有關行動。

幾乎所有的人在經歷轉折點時，最初總是難免會拒絕承認現實。我記得，英特爾遭遇記憶體危機時，我忍不住這樣想：「如果我們早些時候就著手開發十六 K 記憶體晶片，日本人也不可能超前。」

逃避或轉移注意力的現象，通常見諸高階主管的個人行為。公司面臨重大轉變時，他們彷彿常常突然地把精力投注於看來絲毫不相干的購併行動上。依我之見，高階主管之所以如此，常常是因為他們需要在這個時候，拿別的顯然需要他們每天忙進忙出，全心對付的事情，來轉移注意力；而且看起來這別的事情真的需要占去他們的大半時間，別人不但無從質疑，還必須表示尊重。是的，他們常常寧可找個別的什麼事情來忙碌，而且還能在這些事情上頭有所進展，也不願鎮日在那兒操心，如何對付一個逼近的毀滅性力量。

在這樣的緊急關頭，高階主管也常常忙於參與慈善基金籌集工作、公司外頭的組織活動，或他們偏愛的計畫。下一頁的**圖表十一**是某個大公司陷於策略轉折點時，該公司執行長的一週日程表，應該頗具代表性。在這個時候，他最寶貴的資源就是時間，但這份日程表上他支配時間的方式，有沒有反映公司所面臨的重大危機呢？我看，沒有。

這位主管的表現絕非特例。坦白說，今日回顧，我自己也不得不懷疑，在記憶體事件發生前那幾年，也就是暴風雨來臨前的烏雲已明顯可見的時候，我還投注大量時

圖表 11 美國某大公司執行長在策略轉折點期間的日程表

週一	
8:30-9:30	策略規劃檢討會議
10:00-10:30	檢討年度設計獎的計畫
11:00-12:00	管理制度與考績辦法
1:00-1:15	複習有關培訓問題的講稿
1:30-2:00	品質檢討
4:00-4:45	準備董事會議
5:25	前往東岸某城市
6:30-9:30	晚餐會議一董事會在該市過夜
週二	
8:00-9:00	早餐會議
9:30	前往第二個東岸城市
11:00-11:45	同業公會培訓會議
12:00-2:00	同業公會培訓特別任務小組
2:00-8:30	同業公會委員會會議在第二個東岸城市過夜
週三	
8:15-11:45	某慈善團體的執行委員會
12:15-1:30	前往位於東岸的總公司
2:00-5:00	主管會議
6:00	前往東岸的工廠在工廠所在地過夜
週四	
3:30-5:00	工廠週年慶，與夜班人員一起過
5:30-9:15	第二個工廠週年慶
9:30-10:30	第三個工廠週年慶
11:00-11:50	第四個工廠週年慶
12:00	前往總公司
2:00-4:15	主管會議
週五	
8:15-8:30	訂定董事會議程
8:30-9:00	第三季展望
9:00-12:00	主管會議
1:15-5:00	美國本土事業績效檢討

間去寫一本書，恐怕也是事出有因。此刻，我又提筆寫書了。真不知道，這一回，我試圖逃避的會是怎樣一片烏雲？也許幾年內我就會知道答案。

還是回到購併問題吧，那是我最喜歡的例子。如果我著手進行一樁數十億美元的購併案，與此有關的任何決定，顯然都需要仔細斟酌，我最好是勤奮任事，迅速推動案子，然後它才會成為工作重心，重要性遠超過我平日經營事業所必須處理的其他事務。於是，我創造了一個無底洞似的「接受器」，不斷吸走我的注意力。每天早上，我可以看著鏡子，說：「何以我們一小筆一小筆的生意接續失去？像這種煩瑣的事，我可沒有時間去理會。今天晚上，我馬上就得和投資顧問群見面，連夜開個重要的會。」在這種情況下，我沒有把精力放在日常細節，不但可以理解，而且應該得到別人的尊重。我忍不住懷疑，那些日本電子消費產品大公司之所以熱中於購併電影製片廠，不知有多少個案，是起因於他們的高階主管需要轉移陣地，逃避其核心事業日趨衰疲的現實，躲開那更為棘手、煩瑣的問題。

從拒絕承認現實到逃避現實，並不是差勁的高階主管所獨有的特徵。優秀的領導人一樣逃不開相同的感情糾葛。只是，到最後，他們總能掙脫出來，進入接受現實和採取實際行動的階段。比較不稱職的領導人，則做不到這一點，因而最終被革去職位。取代他們的，未必是能力較強的人，卻一定是對公司過去的發展策略沒有感情包袱的人。

這一點非常重要。有時，公司換領導人，著眼點是找一位過去不曾把感情投注在公司的人，而不是找一位某些方面更優秀的經理人或領導人。

成功的慣性

高階主管之所以爬到今天的地位，是因為他們曾經很擅長他們所做的事。於是，他們學會以自己的長處來領導公司。因此，如果他們老是採取相同的戰略與戰術，就一點也不奇怪了。畢竟這些辦法在過去他們往上爬的日子裡，尤其是在他們的「巔峰時期」，曾經發揮功效。

這種現象，我稱之為「成功的慣性」，極端危險，會加強你逃避現實的傾向。

當周遭環境發生巨大變化，雖然過去的技能和長處已沒有多少用武之地，我們卻幾乎總是本能地牢牢抓住輝煌的過去。我們拒絕承認環境變遷的樣子，像極了一個孩子不喜歡他所看到的事物時，就乾脆閉上眼睛，開始數數兒，心想只要數到一百，眼前討厭的東西就會消失。我們也是閉上了眼睛，訴諸從過去因襲至今的工作方式和技巧，埋首苦幹，內心盼望著，這些技巧和勤奮工作將會發揮類似數數兒數到一百的功能。這個時候，你很可能聽到的一句話是：「只要再多給我一點時間就好。」

策略失調

等到一切都太遲了，我們對環境變遷的現實開始有所回應，我們又會面臨另一個感情上的障礙：自覺地、明白地向我們自己承認，橫亙在面前，我們必須去克服的難題，是多麼嚴重。即使我們的行動已開始顯示，我們正逐漸調整做法，以順應新環境，我們很可能仍然無法清楚明白地訴諸語言，把我們實際上需要做的事情講出來。再次以英特爾放棄記憶體的故事為例：公司調整晶圓產能的分配比例其實已有一段時間，當同事要求我毫不含糊地說出我們的計畫，我卻仍然無法用簡單明白的話來向他們說明。

我看過許多公司在與策略轉折點搏鬥時，都陷入同樣的尷尬處境，說的是一回事，做的是另一回事。這種言行不一的現象，我稱之為「策略失調」（strategic dissonance）。①一旦一家公司出現這種現象，我們大約就可以認定，該公司正在與某種策略轉折點對抗。

何以策略失調如此難以避免？這種現象是如何產生的？順應變化的過程，通常始於公司員工因應新的外界力量，在日常工作逐步修正、調整的行動。英特爾的生產規劃人員，便是鑑於微處理器的利潤逐漸高過記憶體，而慢慢將晶圓產能從後者轉移至前者。在這同時，我們高階主管卻被「成功的慣性」絆住了。我們總無法忘懷，無論

① 關於這個現象，可進一步參考博格曼教授與我合撰的〈策略失調〉一文，刊於《加州管理評論》第三十八卷第二期（一九九六年冬季號，頁一－二〇）。我使用「策略失調」一詞，實有意取譬於心理學上的重要概念「認知失調」。在《認知失調理論》（*A Theory of Cognitive Dissonance.* Evanston, IL: Row, Peterson and Company, 1957）一書中，首倡認知失調理論的費斯汀格（Leon Festinger）指出：「新的事件可能發生在一個人身上，或為他所知；這至少會造成短暫失調的現象，即與關於行為的既有知識、看法或認知不一致……然則是什麼情況使得這個人那麼難改變他的行為？其一，改變可能帶來痛苦，或造成損失……其二，現有的行為在某些方面來說還頗令人滿意……其三，做這樣的改變或許根本就不可能。」（頁四、二五－二七）

如何，我們畢竟是記憶體廠商，以記憶體創業，因記憶體而壯大；它不但是我們擅長的領域，也形塑了我們對自己的認同。結果，前線的員工與中階幹部已在落實和執行的策略行動，代表的是一回事；高階主管仍繼續發布的高層次策略宣言，說的卻恰好是相反的另一回事。

是在什麼情況下，我們才警覺到策略失調現象的存在呢？

當高階主管與中階幹部或業務人員展開自由、開放的討論，只要公司擁有容許同事之間公開對抗的文化，策略失調的徵候通常就會浮現。英特爾的情形就是這樣。有幾回，站在這樣一群不會忌諱什麼的員工面前，應付難以作答的問題時，我發現，我們的人是那麼了解他們的世界和環境，面對他們提出來的具體問題和意見，試著要為公司的立場辯護是多麼彆扭的事。當有人問及公司對某特定產品、客戶或科技的具體策略時，他們的問題就會一個緊接一個地提出。在我說出先前演練過的答案之後，緊接著提出的問題多半是這樣的句法：「但是，關於……又怎麼樣呢？」「這麼說來，是不是就表示……？」

這類問題經常表示，發問的人不滿意我給的答案，正以尖銳的態勢逼問籠統答覆背後的真正意圖。當然，他們所以會如此追問，有可能是因為我原來的話說得不夠清楚。但是，這也可能是因為他們已察覺，我的制式答案和現實之間存在著日益擴大的差距。如果是後者，這恐怕就是策略失調的最初徵兆，我應該對自己提出警告：「注意了，葛洛夫，這裡有些事不太對勁。」

策略失調簡直是對策略轉折點的「自動反應」；轉折點一旦逼近，我們就幾乎毫無例外地會出現失調徵候。因此，探知失調現象的意義，也許是了解策略轉折點出現與否的最佳途徑。當公司裡的人提出的疑問，大都像「但是，既然我們做的是東，我們怎麼會說是西呢？」而非其他問題，這就是一個警訊，意味著某個策略轉折點極可能正在形成。

實驗

公司實際上的做法和管理階層口頭上的說法，有不一致之處，固然可以理解，但伴隨而來的將是一個極端缺乏效益和令人沮喪的階段。策略失調所導致的不安，會造成困惑和不確定的感覺，即連最清晰的腦袋也無法豁免。你知道有些重大的事不對勁，有些事不一樣了。可你就是不知道這是什麼事，這件事到底有多重要；你也不知道該拿這件事怎麼辦。

化解策略失調的途徑，絕不像電燈泡乍然發光一樣，會突然閃現，而是來自實驗。請放鬆公司平常時候原已習慣的控制，讓人們去嘗試不同的技術，研議不同的產品，利用不同的銷售管道，開發不同的客戶。管理階層總是致力於制定和維持秩序，但在這種時候，他們對新的和不同的事物必須更加容忍。唯有揚棄老舊的成規，才可能產生新的洞見。

上述建議，我們不妨簡單歸結為一句話：「任混亂作主！」混亂不一定好。對公司的所有成員而言，混亂都會讓工作效率降低，讓人疲憊。然而，舊秩序不可能自動消失，讓位於新秩序，除非新舊之間有一段實驗與混亂的階段。

弔詭的是除非你一直以來都在做實驗，否則你無法在察覺自己身陷困境之際，就突然間開始實驗。一旦你的核心事業已經有些事情改變，再要做實驗，就太晚了。理想上，你一直以來應該都在做實驗——嘗試新產品、新科技、新銷售管道、新促銷手法，並嘗試開發新客戶。然後，一旦你察覺「事情改變了」，你將擁有一些實驗，可賴以充實你錦囊裡的妙計，而你的公司也將更有能力擴充實驗的範圍，容忍越來越嚴重的混亂。日趨嚴重的混亂，其實就是你的公司脫胎換骨，重新定位，邁向新的經營方向的序幕。

在改變的時機和「非這樣做不可」的情勢終於來臨，英特爾正式將微處理器當作經營重心之前，我們在微處理器上進行實驗已超過十年。在那段漫長歲月裡，微處理器一直都不是我們的主力產品。事實上，有若干年，我們投注在研發和促銷微處理器的錢，遠比它所換取的收益多。但我們仍持續進行實驗，而微處理器的業務也逐漸壯大。於是，當環境出現一百八十度的大轉變，我們手上已擁有一種更吸引人的生意可做。

實驗總不免伴隨著爭辯。一九八〇年代後半期，英特爾內部 i860 RISC 處理器與 486 CISC 處理器之間的衝突，即是一個例子。儘管我們的既定策略，是堅持發展相容的微處理器家族，我們仍容許一部分最優秀的人員，將精力和創意投注在 i860 這種新架構。

這樣做不見得是壞事。有朝一日，當舊的科技已竭盡它所有的潛力，擁抱新科技很可能就是我們應該做的事。提前對新科技進行實驗，讓我們在一旦必須做這樣的改變時，擁有起步較早的優勢。

然而，放任新科技實驗成長、活躍，乃至於上了市，這實驗本身就已壯大成一股足以撼動公司的力量：它瓜分了資源，分散了力量，讓人搞不清這家公司到底擁護哪一種微處理器科技，甚至幾乎在最後削弱了我們整個微處理器事業的發展力量。總之，實驗創造了混亂。我們必須採取行動，予以處理，而我們只有兩條路可走，或者利用我們在標準化微處理器市場上的既有力量，開創一個新的RISC分支事業，或者斷然抑制這實驗。

企業的防護罩

猶如許多體育競賽，時機就是一切。在企業經營上，同樣的行動，早一點做或許就可發揮功效；遲一點做，可能就已經晚了半步，不能達到預期效果。

我所謂「早一點」，是指你在現有事業的發展勢頭還旺盛，現金周轉還順暢，而公司組織還大體完好的時候，就採取行動。現有的事業只要還健全，就可以構成一個「防護罩」，提供你進行改革的必要保障。在防護罩下調整公司經營方向，遠比等你的事業已亮起紅燈再著手改變，要來得容易。

換言之，最好是高階主管及早察覺和承認，某個策略轉折點勢必來臨，並在原有事業的生命力遭十倍速力量侵蝕之前採取行動。只要早一點採取適當行動，並斷然實施，企業所必須經歷的轉型過程就有可能較為順暢、成功。

很不幸的，事實上，我們的所作所為多半與此相反。正是由於先前討論過的那些情感因素，大多數管理階層的人總是等一切都太遲了，才採取行動，因而白白耗損了原有事業所提供的防護罩。

何以如此，實不難理解。處於轉折點的早期階段，多數人不會恐慌、著急。人們為自己不能及早採取行動所提出的辯詞，大抵如下：「這可是我們生蛋的雞，怎麼可以隨意擺弄？」「我們怎麼可能把最優秀的人抽開，不做我們賴以支付薪水的工作，而去搞只是空想的新計畫？」但最令人擔憂的答覆，可能是：「公司只能承受這麼多變化了。它還沒有準備好做更大的改變。」這句話的真正含義恐怕是：「公司雖然必須面對改變，我卻還沒有準備好」。

回顧我自己的經歷，每一次我推動什麼艱難的變革，無論是資源分配的調整或人事異動，都後悔自己沒有提早一年動手。英特爾的記憶體事件就是一個明顯的例子：我們即使已有相當一段時間，在記憶體生意上損失大筆金錢，仍要等到其他方面的生意也一落千丈，才有所反應。NeXT 公司的情況亦復相似，等到現金周轉不來，才改弦易轍。當個人電腦已變成一種低利潤、商品化的產品，康栢公司同樣一時間反應不過來；直等到連續六個月收入、利潤與市場占有率都嚴重下滑，不但損失七千萬美元，並首次被迫裁員，董事會才毅然決然大事改革。

這樣的傾向，出現在別人身上，總是顯而易見似的；一旦換作自己，我們卻常常都察覺不到。前不久，我遇見某公司的一位經理，他正面臨公司需不需大幅更張的困境。我敦促他積極行動，改走新的方向。如此鼓吹變革，在我來說，當然是輕而易舉的事。畢竟**我**不需做任何事；是**他**必須承擔責任，推動公司展開一連串行動，而停止生產某些與客戶之間已有承諾的產品。他自知必須展開行動，而且他也**已**往正確的方向邁出了幾步。只是，在我看來，這幾步實在小得可憐。他只調整了周邊的事物，割捨了某個產品較失敗的若干版本；然而，他應該做的，其實是放棄這整個產品，並重新安排研發工作的資源，致力於前景顯然看好的其他方向。我一點也沒有比他聰明、睿智，我只是因為實際上不需要承擔推動變革的責任，而沒有情感上的束縛。當英特爾的記憶體生意面臨危機，我處於他今日的困境，一樣很長一段時間裡因循誤事，乃至於「一切都太遲了」。

理論上，由於擔心新的情勢會悄悄潛至身邊，你應該會保持高度警覺才是；而且經過數十年在業界的磨練，判斷力和直覺日臻敏銳，經驗心得益發豐富深刻，應該有助於提高你的應變能力。事實上，由於已經過一番歷練，我們經理人通常也知道自己需要有所行動，甚至知道應該做些什麼。只是我們總是不信任自己的直覺，或沒有及早依據直覺展開行動，以至於沒能來得及善用防護罩所提供的好處。因此，我們必須做的，是強制自己克服總是「一切都太遲了」的傾向。

新的產業地圖

在變動的產業環境裡，「一切都太遲了」是一種特別危險的症候群。每天，我們經營事業，處理事務，彷彿運作如常，行動自如，是因為我們心裡已藏有一張「地圖」，繪出我們所從事的產業的「地形地貌」。這張心靈地圖標示出各種未曾明言的行動規則與人際關係、處理事情的各種途徑與方法，並指出何者行得通（以及那是怎麼辦到的）、何者行不通，誰是關鍵人物、誰不是，誰的意見足堪倚重、誰的看法經常出錯等等。你如果在某個產業裡待得夠久，你自然會知道這些事情，彷彿這是你的第二天性。你根本不需去想，就自然知道事情是怎麼回事。

但是，一旦產業結構發生巨變，所有這些因素也會隨之改變。長期以來，你隨身攜帶，賴以規劃公司行動方針的這份心靈地圖。突然間失去了指引的功效。然而，在巨變中，你沒有機會更換一張新的心靈地圖。你沒有辦法在一夕之間就清楚地明白過來，如今事情應該怎麼處理，而不再能像過去那樣處理；如今關鍵人物是某甲，而不再是過去的某乙。

我們所有電腦業的人，對於產業結構由垂直整合轉變為水平分工模式的意義，都應該仔細思量。此一轉變最根本的後果，是此後所謂贏家，便是在某個水平層面占有最大空間的業者。我們英特爾的人深切體認到這一點，也因而更堅定地相信，我們的產品必須與其他所有水平層面的產品相容，才有可能擴大占有率。基於同樣的理由，我們堅信，在微處理器發展策略上，高容量、低成本是必然的依歸。換言之，我們必須提升自己的規模和範圍。同樣的，康柏於一九九一年大幅調整結構與策略的行動，也說明了他們已體認到，水平分工模式中，規模與範圍的重要性。②

處於策略轉折點之中，管理階層必須不斷地修正他們內心的那份產業結構圖。事實上，我們每個人在腦海裡都會自動地進行這項修正工作。問題是心靈地圖每多含糊曖昧之處，不夠清晰。因此，你最好是勉強自己把腦海裡隱約模糊的形象訴諸紙筆，力求每個環節的清晰、明確。

應該怎麼著手呢？本書第九章有一個例子，我用來幫助自己釐清有關網際網路的一些問題。試想，每一家公司都有一張組織架構表，甚至一大疊相關圖表，用以顯示各組織單位之間的相互關係。如果就一家公司而言，員工都需要這種圖表，才能了解公司內部的運作，就一個產業而言又何嘗不是？因此，請立刻動手畫一張吧。

猶如你的企業總會需要嘗試新的科技或配銷方法，身為高階主管，你也必須嘗試著在新的產業結構圖上填入具體細節。請將繪製中的地圖拿出來，讓親近的工作夥伴評鑑。你必須和工作夥伴討論好幾次，才可能釐清心裡模糊的感覺。多次把問題拿出來討論，還有一個附帶好處：既已經過多次討論，你和這一群夥伴將有可能做好面對改變的準備。

---

②哈佛商學院教授錢德勒（Alfred D. Chandler）在《規模與範圍》（*Scale and Scope*. Cambridge, MA: Belknap Press, 1990）一書中指出，許多產業經過蛻變後所呈現的運作模式，最後都以經營規模和範圍為關鍵因素。

在現代組織中，對市場因素能否快速反應，取決於中階幹部自動自發採取行動的能力。所謂中階幹部，大都是技術上或行銷上的專家，也就是那些擁有專業技能和知識的幹部。他們在有關行業上的專業知識，足以決定公司走向的正確度。如果高階主管和這群擁有專業知識的經理人，對他們所屬的產業持有相同看法，他們就越有可能察覺和承認外界環境的變遷，並採取適當的因應措施。公司上下對所屬產業的結構和運作原理擁有相同的理解，將有助於這家公司順應環境變遷。

無論你是高階主管、中階幹部或專業人員，你的那份心靈地圖越能夠與時更新，力求清晰，就越能夠引導你採取適當行動，你對自己的行動也會越有信心。

8 竭盡最後精力駕馭混亂

黎明來了，死亡之谷也來了

——「方向清晰，包括描述我們要追求什麼，以及描述我們不會追求什麼，在策略轉型的晚期階段極其重要。」

聆聽卡珊德拉傾訴的時刻已經過去，
實驗的季節也已遠颺。
現在，時機已經到來，請向你的隊伍下達進攻指令，
一個再清楚明白不過的進攻指令。
現在，你再也不能猶豫，
必須將公司資源和你自己的資源全部投入一個方向。
最重要的，你必須以身作則，自己成為新策略的尖兵。
為了證明你已全心全意支持新的策略，再也沒有更好的辦法。

早期西部片裡有一個典型的場景，一群人飽嘗風霜，風塵僕僕地騎馬穿越窮山惡水，不確知該往哪裡去，只知不能回頭，僅能心懷盼望，相信終有一日會到達一個豐衣足食的好地方。每回思考穿越策略轉折點的過程，我就不禁想起這個電影場景。

帶領一個公司通過策略轉折點，就彷彿在未知的領域裡前進。新的企業經營規則還未形成，或至少是我們所不熟悉的。因此，你和夥伴們心裡根本沒有一張新環境的地圖；甚至你們所期盼的目標到底是什麼樣子，自己也不清楚。

事態危急，氣氛緊張。在穿越轉折點的旅途中，常見的一個現象，是你的員工對你失去信心，彼此之間也失去信心；但最嚴重的，是你對自己失去信心。管理階層的人很可能彼此指責，把公司今日的艱難處境怪罪到別人頭上。於是，內戰爆發，關於何去何從的爭論不斷蔓延開來。

然後，在某個階段，身為領導人的你，終於隱約看到新方向的大致輪廓。但是，到了這個時候，你的公司已經士氣低迷，信心全失；即便不然，也已精疲力竭。而走到這個地步，你自己也幾乎耗盡了精力。現在，你必須鼓起僅存的勇氣，竭盡剩下的所有精力，鼓舞自己，更鼓舞倚賴你帶領的人，朝新方向邁進，然後你的公司才有機會恢復以前的氣色。

如前所述，你和你的公司必須掙扎穿越的這片窮山惡水，乃是「死亡之谷」。萬一沒有通過，就只有死路一條。這是所謂策略轉折點的必然內涵，絕無例外。你無從逃避，也無法讓情勢變得比較不險惡。但是，你可以採取比較好的行動來對付它。

穿越死亡之谷

要活著走出死亡之谷，你的第一項任務便是對出谷之時，公司的可能新面貌，有一個想法，有一個心中的形象。這個形象不但必須清楚到你可以在心裡模擬想像，還必須足夠鮮明、確定，可以用極其簡潔明白的話，講給你疲憊、沮喪、困惑的同事聽。以英特爾為例，脫困之後，我們會是怎樣的公司呢？一般半導體公司？抑或微處理器公司？NeXT 呢，是電腦公司或軟體公司？還有，你所經營的書店究竟會變成什麼樣子——一個可以舒適地喝咖啡、讀書的地方，或只能去買折扣書的地方？

針對這些問題，你必須以簡單明白的一句話回答。這樣，所有的人才能記住，而且假以時日，也會了解你到底是什麼意思。一九八五年、八六年，記憶體事業的全面潰敗及策略轉折點，對我們而言，即是一個難以穿越的死亡之谷。一九八六年，我們想出一句標語：「英特爾，微電腦公司」。這正是我們努力想達到的目標。在這句話裡，我們沒有提到半導體，也絲毫不談與記憶體有關的事。我們心裡對出谷以後公司新貌的想法，即投射在這句話裡。

每有作者提筆為文，討論管理問題，動輒以「願景」（vision）這樣的用語，指稱那心中形象。就我個人的口味而言，這措詞未免太高遠、偉大了。形成這心中形象，即是掌握公司的本質及其事業重心。但是，如果你想釐清你的公司到底**會**是怎樣的一家公司，你就必須也試著釐清你的公司**不會**是怎樣的公司。

在這個時候，要這樣做應該比較容易。因為這時你即將脫困出谷，應該有強烈的感覺，知道自己不想成為什麼。到了一九八六年，我們已知道，自己再也不想待在記憶體的圈子裡。我們知道這一點，而且由於已在記憶體事業裡掙扎過一陣子，明白自己再掙扎下去也不會好轉，所以感覺特別強烈。

這樣做也有其危險性：將我們之所以為我們的特質過度簡化，將我們的事業焦點過度窄化。正是因為這個緣故，有的同事會問：「那**我**這部分的事業呢？……這是否表示我們對這部分再也不感興趣？」畢竟除了微處理器，英特爾也還繼續做別的生意；我們甚至還維持相當比例的一批人，做別種類型的半導體生意。

但與另一種危險相較之下，過度簡化的危險實在是毋需過慮。這另一種危險是：每一個幹部都渴望，那句描繪重新調整之後公司事業重心的話，能將他們包含進去。為了滿足每位幹部的需求，我們反而可能把這句話弄得太「崇高」、抽象，太籠統、無所不包，以至於這句話變得毫無意義。

看看下面的例子，就不難明白凝聚經營焦點的好處。蓮花（Lotus）公司成立後的第一個十年，將自己定位成個人電腦軟體廠商，試算表為其主力產品。後來，由於蓮花自己犯了若干錯誤，更由於競爭對手的力量呈十倍速成長（一如日本記憶體廠商對我們構成嚴重威脅），在應用軟體方面，微軟也嚴重危及蓮花的生存），蓮花的核心事業遂日益萎縮。所幸危機來臨之時，蓮花已開發出新一代的軟體，Notes。試算表大幅提升了個人使用者的生產力，Notes 則可以為整個團體帶來同樣的效益。在為試算表及其相關軟體的生意奮鬥之時，蓮花公司的管理階層就已全力投入群組軟體的研發，甚至不惜壓抑試算表生意的重要性。在蓮花處境最艱困的那幾年，從它的所有聲明和報告，我們都一再看到，該公司正持續投資開發 Notes，並展開大規模的行銷與研發計畫。

當然，蓮花的故事還在發展，結果如何尚有待觀察。但光就提出明確遠景而言，該公司管理階層的表現確實可圈可點。我們至少已看到，蓮花在Notes上所展現的力量，終於誘使ＩＢＭ以三十五億美元購併該公司。

現在，且看看相反的例子，即一家公司遲疑不決，無法為自己明確定位的例子。不久前，我們曾試圖與某一家公司合作，以確保他們的產品和我們的產品可以一起運作，於是我與該公司的一位經理晤面深談。為了做成這筆生意，針對採用何種科技的問題，他們必須做出明確決定。與我交涉的這位經理，已是他們公司的第二號人物，但我發現他竟為此而立場擺盪不定，遲疑不決。有時，他似乎深信，我們應該合作；有時，當他必須承諾採取某些必要行動，俾合作得以展開，他卻又似乎滿心疑慮。

數天後，報上刊出他的老闆，也就是該公司執行長所發表的聲明，說明該公司的意向。這項聲明顯示，他們已明確決定，採取一個與我的主張相符的策略——我原先也以為，那位經理也傾向於這個策略。我立刻撕下報紙上的這則報導，在同事面前晃動，大聲說：「我想，這生意已經做成了。」但是，我的興奮之情只維持了二十四個小時。第二天，報上刊出該公司的「澄清」，撤回了原來的聲明。這簡直是莫大的誤會。

試想，當個行銷或業務經理，卻老是因為老闆態度模稜兩可，語意含糊，而備受打擊，會是什麼滋味？假如你還得看報，才能得悉他「當天」的最新指令，又作何感想？如果你的領導人只會繞著圈子打轉，做不了決定，你要如何說服自己繼續追隨他呢？

在這裡，我不禁要想，何以領導人居於領導地位，卻常常會遲疑著，不敢領導。一個新方向的是非、得失，可能得等上幾年才會明白。我猜想，既然調整經營策略的前景如此不確定，領導人勢必需要擁有堅定的信念，並信賴自己的直覺，才有可能走在同事、幹部和員工前頭，在他們仍為何去何從而爭辯不休時，斷然指定一個明確的方向。因此，在關鍵時刻做決定，正是對領導者魄力的最佳考驗。相反的，縮小一個公司的規模則不需要太大的信心與決心：如果關閉幾家工廠，裁掉若干員工，因而減少損失的成效馬上可以在第二天的報表上看到，並得到金融界的讚許，那麼，採取這樣的行動又何須擔心犯錯呢？

通過策略轉折點，意味著你的公司將徹底轉型，不復昔日的型態。轉型之所以如此艱難，正是因為公司的每一個部分、每一個成員，都是昔日經驗的產物。如果你和同事是因為經營電腦公司，而有今日的經驗，你怎能想像經營一家軟體公司會是怎麼一回事呢？如果你的所有經驗全部得自一般半導體的事業，你又怎能想像，經營微電腦公司會怎麼樣呢？無怪乎要從死亡之谷逃出生天所必需的轉型過程，總會牽動管理階層，高階主管勢必得有所改變。

我記得，有一次主管會議，我們討論的主題，是英特爾轉型為「微電腦公司」的前景。董事長高登．摩爾說：「請注意，如果我們真的打算這麼做，在座最好有半數主管在五年內能夠掌握軟體行業。」言外之意，是當時在會議室裡的人必須更換他們的知識與專業領域，否則要被更換的就是這些人本身。我記得，我當時環顧四座，心想幾年後有誰會留下，有誰可能離開。結果，果然不出高登所料，大約有半數主管轉型成功，朝新方向邁進，其他人則離開了公司。

預見、想像，以及感覺事情的新面貌，只是第一步。**你對前景的想法，務必力求清晰，但也必須務實。不要打折扣，但也不要好高騖遠，自欺欺人。**如果你所勾繪的目的地，你內心深處明知不可能到達，那麼，你已註定沒有機會活著爬出死亡之谷。

重新調配資源

誠如杜拉克所指出的，推動一個組織轉型，最重要的是大幅改變資源的分配。就昔日的經營型態而言，將資源集中於某個領域，或許是正確的；但現在，為了符合新型態的需求，你必須把大量資源轉移到另一個領域。英特爾的生產規劃人員以三年時間，逐步減少記憶體的晶圓產能配額，將之轉移至微處理器，所做的工作正是將珍貴的資源，從低價值的領域轉移到高價值的地方。但原料不是你唯一的資源。

公司的優秀人員，以及他們的知識、技能和專業素養，是同樣重要的資源。最近，我們指派負責下一代微處理器的經理，轉而負責數年內不太可能賺錢的一個全新的通訊產品系列。這時，我們就是在轉移一個極端珍貴的資源。這位經理在他原先負責的領域，表現得極為優秀，但我們還有其他同樣優秀的幹部可以取代他；然而，那個全新的領域則迫切需要他去督導，因為唯有他可以有效地推動這項新計畫。

一個人的時間，是極端寶貴但顯然非常有限的資源。當英特爾要從「半導體公司」轉型為「微電腦公司」，我體認到，關於軟體的世界，我必須知道得更多。如若不然，我就無法了解軟體業的計畫、想法、渴望及憧憬，也就無法進行在這個基礎上展開的工作。於是，我開始刻意挪出大量的時間，來結識軟體業的人。我拜訪了許多軟體公司的領導人。我逐一打電話，訂下約會，與他們見面，要求他們跟我談談他們那一行的林林總總——可以說，我是在要求他們教我。

這樣做，我個人就必須有所承擔。我得嚥下那份莫名的自尊，承認自己對他們那一行知道得極少。我必須跑去和原本不認識的重要人物交談，擔心著他們不曉得會有什麼反應。同時，我還必須相當勤奮才行。和這些軟體業的要角談話時，我做了大量筆記；他們說的事情，有些我了解，有些則不然。然後，我帶著我所不了解的東西，回來向公司內部的專家請教，請他們告訴我，這個人或那個人的意思到底是什麼。總而言之，我又返回校園了。所幸英特爾是個校園氣氛很濃的公司，一個擁有二十年工作經驗的高階主管，花一些時間，正襟危坐地學習全新的技能或知識，完全不須擔心被笑話，反而可以贏得尊重。

承認自己還得學習新的事物，總是有些困難。如果你是高階主管，因為地位高，早已將別人的敬重視為理所當然，你遭遇的困難就會更大。但你必須克服這一點，否則「敬重」會變成一道牆，將你隔絕起來，使你無法學習新事物。這一切，需要的是自律。

每回，一旦必須重新調配的是你個人的時間，你就得不斷加強克制自己。當我開始學習軟體世界的事物，我必須減少花在別的事務的時間。換言之，我得扮演自己時間的「生產規劃員」角色，認真地重新調配我花在工作上的時間。如此一來，公司裡原本已習慣定期見到我的人，再也不能那麼常與我見面了。他們開始懷疑：「這是不是表示，你已不在乎我們所做的事情？」我盡力安撫他們，並重新指派各階層主管的工作；然後，經過一段日子，大家就逐漸習慣，把我改變後的作息，視為英特爾轉型期的諸多變化之一，予以接受。不過，無論對他們而言，或對我個人而言，這都不是一件容易的事。

重新調配資源，聽起來容易，不像會造成什麼傷害。畢竟將更多的注意力及精力，放在美好、正面、令人鼓舞的事情上頭，怎麼可能是一件壞事呢？重點是在這樣做的同時，你必然要減少花在別的地方的精力。簡言之，你從某個地方拿走了某種東西：生產資源、人力資源或你自己的時間；而這就可能造成實質上或感情上的傷害。策略性轉型需要自律、克制，以及所有資源的重新調配；缺少了這些，所謂轉型不過是一句空洞的陳腔濫調。

關於你自己時間的調配，容我再多說一句話：如果你居於領導地位，你運用時間的方式就具有重大的象徵意義。較諸任何言辭，你分配時間的方式更能有力地告訴同事，如今，什麼是重要的，什麼則不是。

策略性轉變必須從你的行事曆與日程表著手，而不能光是從抽象理念開始。

以策略行動領導

為了追求某個策略目標，而分派或重新調配資源，乃是我所謂「策略行動」的一個例子。我深信，一個公司的策略，主要係透過一系列這樣的行動發展出來；依照傳統方式，由上而下擬定策略計畫的做法，效果恐怕不大。根據我的經驗，依照傳統方式總是徒然變成毫無效益的聲明，難以對公司的現實工作產生牽引力量。策略行動則通常能夠一步一腳印，造成實質影響。

其間的差別在哪裡？策略**計畫**是我們意圖做什麼的聲明，策略**行動**則是我們業已採取或即將採取的步驟，指向我們的遠程目標。策略**計畫**聽起來像是政治聲明，策略**行動**則是具體的步驟。這樣的步驟有很多種，因時而易：或者指派有潛力的員工承擔新的責任領域；或者在世界某個我們不曾做過生意的角落，設置一個營業單位；或者針對我們公司長期以來努力的一個領域，實施緊縮政策。凡此，都是真實的改變，也都指出我們改變的方向。

策略**計畫**是抽象的，通常訴諸空洞的語言，只有公司管理階層才覺得有意義；策略**行動**則直接影響到人們的生活，因而意義顯著。行動改變了員工的工作內涵，譬如我們將產能從記憶體轉移至微處理器，於是我們的業務人員銷售的是一種產品組合。行動也引起恐慌和驚愕，譬如英特爾的微處理器生意早已經過考驗，正實實在在地為公司賺取利潤，我們卻將該部門的經理調走，讓他負責一個模糊的新領域。

策略計畫所處理的是未來的事，離今日尚遠，與你手頭目前必須做的事少有關係，因此很難真正引起注意。

策略行動則發生在眼前，因此立刻受到矚目。行動的力量，正是來自它的這個特質。即使某個策略行動對一家公司的行進方向只有些微影響，只要這行動符合該公司的遠程目標，而後續行動也相繼進行，假以時日，必會累積成莫大的力量。譬如彈道，一開始或許只有幾度之差，到最後彈著點卻可以相差百十里。所以，我認為，改造一家公司最有效的途徑，便是在釐清終極目標之後，針對目標，採取一系列累進的改革措施。

但是，一旦面臨策略轉折點，採取較劇烈、「能見度」較高的行動，也可能有好處。我所謂能見度高，指的是你的行動人們看得見、聽得見，而且還會提出質疑。就以適才提過的一個故事為例：我們曾經想要合作的一家公司，其執行長的聲明見諸報端後，便引起許多人的驚愕，及一連串類似「這是否就表示……？」的疑問。依據這位執行長的聲明，該公司打算採取的，顯然就是能見度高的行動。這樣一來，該公司便擁有絕佳機會，可以加強新策略方針的威力。只可惜，第二天該公司撤銷了聲明，讓大好機會化為烏有。

在轉折點期間，能夠引人注目固然有利於策略行動進行，我們卻還必須注意**時機**是否恰當。策略行動，尤其涉及資源重新分配的行動，在某些方面與接力賽跑者的行動頗為相似。跑者必須在最恰當的那個時機，交接接力棒；即使只是遲一點或早一點，都可能影響全隊的成績。

將資源從舊領域轉移到新領域，也必須講求時機。快與慢之間的平衡點，事關緊要，你應該特別著意。如果你太早拿走某個舊生意、舊計畫或舊產品的資源，可能會導致某件工作功虧一簣。只要在舊的領域再多加一把勁，你說不定可以獲得莫大的利益。相反的，如果你對舊的工作戀戀不捨，遲疑太久，就可能坐失良機，無法攫取新的商機，為新的產品領域添注動力，加入新秩序。在太遲與太早之間有一個時期，是最好的折衷點。在這個既不太早，又不太晚的關鍵時刻，你在舊領域已投注足夠資源，使它有機會產生應有的利潤，厚積你的實力，支持你度過轉型期，將資源重新分配給新目標。這個關鍵時刻，可以以**圖表十二**來說明。

圖表 12 資源轉移的時機

資源轉移太早：	時機恰當：	資源轉移太遲：
先前的計畫尚未完成	原有策略仍有足夠動力，新來的威脅或機會已獲證實	轉型良機已失，衰頹之勢恐難逆轉

現在，你應該已經明白何謂恰當時機：你原有的經營策略仍持續累積它的動力，原有的生意仍繼續成長，客戶和協力業者對你的評價依然很高，但出現在雷達螢幕上的信號已足夠明顯，你至少應該深入探究這信號的意義。如果探究結果證實，那是真實的，且力量越來越大，請立刻把更多的資源轉移到它身上。

一般而言，人們總是遲疑太久，而行動太慢的後果，大都比行動太快的後果難受。如果你太早採取行動，你原有事業的能量大都還算充裕。因此，即使你太早採取的行動是錯誤的，你還有本錢糾正錯誤。譬如說，已奉派去擔任新任務的人，你甚至還可以請他們回到舊崗位。由於他們原本來自舊的領域，他們很快就可以進入狀況，收拾殘局，恢復公司的舊觀。問題是管理階層大都執迷於舊領域、舊做法，所以他們採取策略行動的時間多半是太遲，而不是太早。而如果你是太遲了，你最大的危機便是你可能已在走下坡，無法回頭。

簡單地說，在環境變遷的時候，經理人幾乎總會知道他們該往哪個方向走去，只是他們常常無法知行合一，總是動得太晚，做得太少。要克服這個普遍的傾向，當然，你就應該加快行動的腳步，並加強行動的力道。你會發現，這樣做，對的機會比較大。

行動的適當時機，因公司而異。有些公司以反應迅速，動作利落見長，或許可以坐等別人先行，去試探某種科技潛力或市場接受的極限，然後才全力追隨，趕上，乃至超越他們。

這種做法，我稱之為「尾燈策略」。在大霧中開車，如果追隨前面車輛的尾燈，你開起車來就比較容易順暢一些。「尾燈策略」的危險，是一旦你趕上前面的車輛並且超前，就沒有尾燈可以跟了。你可能因而喪失信心，自己沒有能力在新方向裡找對路徑。

當個先行者，則會面臨不同的危機。先採取行動的公司所面臨的最大危險，是你恐怕很難分辨信號與雜訊，而對一個其實並非轉折點的現象做出反應。尤有甚者，即使那確是某個轉折點的信號，你的反應是對的，你也可能因為走在市場的前端，而陷入本書第六章所描述的「第一版的陷阱」：這是第一次有人這樣做，還有許多問題尚待解決，不容易討好。在最壞的情況下，你只是成為後來者的踏腳石。

但是，當個先行者也有可能獲得更大的獎賞，讓人願意承擔上述風險；先行者是唯一可能影響產業結構，為其他人制定遊戲規則的公司。唯有採取這種策略，你才可望「爭取未來」，以對自己有利的方式，塑造自己的命運。

近幾年來，我們英特爾判定，我們擁有絕佳的機會，可以充分開發個人電腦的潛能，使它成為普遍的資訊設備。在以前，這個想法不一定可行；傳統的ＰＣ大部分被當作能夠登錄資料，並顯示數字與文本的終端機使用，只適合商業事務用途。但是，經過最近這幾年，科技已帶給ＰＣ吸引人的視覺性能，一方面既賦予它彩色圖形、聲音和影像，一方面又保留它最重要的傳統特徵：互動性。

我們看到開發這些潛能的可能性，相信ＰＣ會介入正在我們周遭發生的資訊與娛樂革命。但是，世界上還有許多人不這麼想。他們相信，這一切發展將會發生在人們更熟悉的電視機身上。於是，我們全力推動ＰＣ會成為這一切發展核心的構想，並展開遍及整個業界的宣傳攻勢，推廣我們的觀點。「就是ＰＣ！」這口號，我們叫得震天價響。在這同時，我們整合公司內部的所有科技研發計畫，企圖全面開發ＰＣ

的潛能，讓世人更願意挑選它來承擔這項任務，真正成為普遍的資訊工具。過去，在新觀念尚未廣泛流行之時，英特爾就曾搶先一步，試圖塑造我們自己的未來；今天，英特爾仍然這樣。過去，英特爾曾經試著當個先行者；今天，英特爾仍然這樣。

在策略轉變的時刻，人們常常問到，我們應該採取焦點高度集中的策略，把所有的賭注都放在單一策略目標嗎？還是我們應該分散賭注，預留後路？當有的員工問我：「安迪，我們不是應該也投資微處理器之外的領域，而不要把所有的雞蛋都放在一個籃子裡？」或者「安迪，除了把賭注放在個人電腦，我們是不是也應該致力於提升電視機的功能？」他們所擔心的便是同一個問題。我個人傾向於認為，馬克・吐溫說得對：「把所有的雞蛋放在一個籃子裡，然後看好那籃子。」①

僅是為了好好追求單一目標，你的公司就必須付出每一分力量。萬一遭逢積極進取、能力卓越的競爭對手，就更必須如此。

我可以列舉幾個理由，說明我的主張。首先，如果缺乏一個清楚而單純的策略方向，你很難帶領一個組織走出死亡之谷。穿越轉折點，勢必嚴重耗損你公司的精力，斲喪你員工的士氣，並常常引發同事之間的互相對立。一個士氣不振的組織，很難有力氣追求多個目標；即使只有一個目標，要帶領他們也已經不是一件簡單的事。

假使有競爭對手在追趕（放心，一定會有的；而這就是為什麼我說：「唯偏執狂得以倖存」），你必須跑在所有追趕而來的人前頭，才可能走出死亡之谷。而如果你想跑在前頭，你就必須選定一個方向，盡你所能地跑。你或許會辯駁道，既然有人追趕，你就更應該給自己一切可能的機會，不要放棄任何可能的方向——換言之，你應該分散目標。但我的回答是：「不！」分散目標的代價更高，而且會「稀釋」你的努力。一旦缺乏鮮明的焦點，你公司的資源和精力將會分散各處，而每一處你都只能如蜻蜓點水一般，淺嘗輒止。

其次，在穿越死亡之谷途中，有時你可能以為自己看到了脫困的出口，但你沒辦法確定那是真實的或只是海市蜃樓。然而，無論如何，你必須選定一個路線，並維持一定的速度，否則你不久就會用光所有的水和精力。

①「看哪，傻瓜說道：『不要把所有的雞蛋放在一個籃子裡。』這話，不過是『分散你的金錢和注意力』的另一種說法。但智者說：『把所有的雞蛋放在一個籃子裡，然後看好那籃子。』」見馬克．吐溫所著，於一八九四年問世的《傻瓜威爾森》（*Pudd'n'head Wilson.* New York: Penguin Books, 1986），頁一六三。

如果你選錯路線，你就會死。但是，大多數公司不會因為選錯了方向就敗北；他們如果落敗，那是因為他們不肯選定任何方向，專心致志，往前邁進。他們在猶豫不決，徘徊不前的時候，已平白浪費了素來積存的能量和寶貴資源。最嚴重的危險便是站著不動。

清楚之必要

當一個公司趦趄不前，它的管理幹部就會失去信心。當管理幹部都萎靡不振，便什麼事也辦不成，全體員工陷於癱瘓狀態。就是在這個關頭，你的公司需要一位有魄力的領導者來設定方向。你們甚至不需要找到最好的方向，只要有一個足夠鮮明、清楚的方向即可。

在死亡之谷裡，任何組織都很容易身不由己地陷入混亂的沼澤。所有員工對他們主管的任何含糊、模稜兩可的信號，都非常敏感，彷彿一有風吹草動，就會群情騷動。

偏偏身為公司主管的人，又很容易不自覺地助長混亂情勢。曾經有一位商業記者告訴我，他與某家日本大公司主管會晤的故事。這位記者當時正在寫有關該公司的報導。當他提出一些問題，試圖弄清楚這家公司的經營策略，那位主管旁邊的人竟憤怒地頂他一句：「我幹嘛要告訴你我們的策略？好幫助我們的競爭對手不成？」我猜想，這個人不願意談他的策略，不是因為擔心助長競爭對手的力量，而是因為他根本沒有什麼策略。一向以來，這家公司的公開聲明，最令我印象深刻的，便是意思出奇地含糊不清。

助長混亂的另一種方式，是發出互相衝突的信息。在轉型期，公司主管的任何談話，都會受到人們，尤其員工，縝密、徹底的檢視及擴大引申與詮釋。前面我曾提到，有一家公司的主管，在他有關該公司策略方向的聲明已經見諸報端之後，又於翌日「撤回」。如此一來，他的信譽勢必受到嚴重傷害。以後，他要下達任何指令，並讓人們信從，就必須花費更大的力氣。易言之，只要搞砸過一次，你以後就得下更大的工夫，才能將正確的信息傳達出去，糾正你犯過的錯誤。

我要說的是，如果一個公司的領導人，不能或不願清楚明白地指出，走出死亡之谷之後，該公司的新貌，那麼，你怎能期待他激勵一大群員工團結一致，接受新的或不同的任務指派，在不確定的環境中工作，並無視於前途未定的危機感，勤奮任事？

一旦等到進入策略轉型的後期，你便必須力求方向清楚——你不但要清楚描繪出我們所要追求的目標，也要清楚指出什麼不是我們的目標。在策略轉折過程的中途，如前所述，為了試探各種可能途徑，你應該任混亂作主，釋放所有的可能；但此刻，為了帶領公司走出隨之而來的曖昧狀態，激勵同事往新的方向邁進，你就必須駕馭混亂。

聆聽卡珊德拉傾訴的時刻已經過去，實驗的季節也已遠颺。現在，時機已經到來，請向你的隊伍下達進攻指令，一個再清楚明白不過的進攻指令。現在，你再也不能猶豫，必須將公司資源和你自己的資源全部投入一個方向。我所謂你自己的資源，包括你自己的時間、你亮相的機會、你的談話，以及你在公眾場合發表聲明的機會——你在外面的公開場合所發表的言論，通常比你直接對員工發表的談話，更容易受到公司內部同仁的信賴。最重要的，你必須以身作則，自己成為新策略的尖兵。為了證明你已全心全意支持新的策略，再也沒有更好的辦法。

如何成為新策略的尖兵呢？有助於走向新策略方向的一切因素，你都應該鼓勵；所有與達成新目標有關的細節，你都應該介入；凡是不相干的事，你應該撤回你的注意力與精力，絕不參與。你甚至應該不惜矯枉過正，因為你所有的行動都具有象徵意義，會擴大對整個團隊的影響。

如何「矯枉過正」？有些領域的事固然還是重要，你可以故意予以忽視，或故意貶低其重要性。輕忽某些重要的事雖然有其危險性，卻是你必須承擔的風險。如果由於你的「矯枉過正」和「故意輕忽」，你日常工作中有些重要細節被遺漏了，你總是有機會回頭去收拾。但是，如果你沒有在恰當時機，有聲有色地展開適當行動，轉換策略，你恐怕就再也沒有機會糾正這項錯誤。

在這樣的時候，你的日程表會變成你最重要的策略工具。大多數經理人的行事曆，總是因循苟且，充滿了過去以來早已習慣的事務。你很可能依然同意某些約會，出席某些會議，安排某些活動，一如以往所做的。現在，該是打破窠臼，擺脫往昔習慣的時候了。不要因為你以前曾經怎麼樣做過，就忍不住又那樣做，行禮如儀地接受邀請，安排約會。請自問：「參加這個聚會，對於此刻在我來說很重要的新科技或新市場，我可以多了解一點嗎？我會因而認識一些可以在新的事業裡助我一臂之力的人嗎？我會因而得到有關新方向重要性的信息嗎？」如果答案是肯定的，那就去。如果不是，那就別去。

重點是無論如何，你不能腳踏兩條船，不能三心二意。如果你都這樣了，你的員工將會倍感迷惑，並在一段日子之後，放棄努力。你不僅會迷失方向，你也會繼續耗損公司的元氣。

如果你是大公司的領導人，扮演策略行動的尖兵，有一個先天的困難：由於職務的性質，你通常無法和許多幹部和員工直接接觸。你無法和每個人講話；你無法直接面對每個人，說明你的策略。因此，你必須找到一個辦法，像強力磁石能夠影響遠方的鐵屑一般，超越距離的阻隔，讓所有人都了解你的決心、意志和夢想。

如果你要讓一大票人了解你的意思，即使反覆溝通，再三釐清，也不嫌多。請盡可能地向你的員工發表談話，到他們的工作場所去走動，把他們聚在一起，一而再再而三地解釋你的意圖。如果在這樣的場合，有人提出「這是否表示……？」一類的問題，請特別用心答覆。這些問題提供了絕佳的機會，讓你可以徹底把話說清楚。然後，慢慢地，你的新想法和新主張就會完全為大家所了解。同時，你會發現，重複解釋使你更能夠釐清新方向，也使你的員工更能夠清楚地掌握新方向。所以，請盡可能地去說明並答覆問題吧。雖然你看起來只是在重複做一些事情，實際上你將會強化策略信息。

在這個地方，中階幹部也有一個特殊角色要扮演。較諸任何其他人，中階幹部更能夠協助你克服距離，將你的信息向遠方傳布。將他們納入考慮，好好借重他們，你的新方向將會因為他們而為更多人所了解；透過他們，你出現在眾人面前的機會彷彿也增加了數倍。多花一點時間和他們在一起，否則他們有可能會不願意全心全意投入。

如此與眾人接觸的最大好處，是你可以知道，你能否通過員工強烈質問的嚴格考驗——當然，前提是你們的公司文化容許他們自由發問、質疑。員工的問題通常十分精明，而且只要你們的環境足夠自由開放，沒有人能像他們那樣質問你。如果你的想法裡，有任何從策略角度來看不合邏輯的地方，他們一定嗅得出來，也一定會把它揙出來。

這一點也不好玩。你的策略思考如果有漏洞，你可能會想把它們隱藏起來。在自己員工面前暴露這樣的缺點一定很尷尬，不是嗎？但是，我想，與其事後通不過市場的考驗，不如趁你還有機會修正的時候，先讓你的同事發掘。

就與同事溝通而言，科技已經可以幫上大忙。電子郵件提供了一個威力強大的新媒介，讓我們能輕易就和許多人接觸。在多數現代化的公司裡，每一部電腦都與公司的網路相連，可以透過這個網路將信息傳送到任何其他連網的電腦。只要在電腦前面花幾分鐘，主管就可以對數十、數百，乃至數千人的思想造成影響，而且是唯有電子通訊的傳輸能力才可能達到的直接影響。

容我在這裡提醒你：你傳出去的信息只要夠清楚，就會引發質問、反應，經由原來的管道，傳回你這裡。請回答這些疑問，你不一定要花很多時間，一兩句答覆就可以表達你的基本立場。這是一種高效率的活動。你將信息傳給特定的個人，但接收到的人可能不只他一人；信息會激起不斷擴大的回音，從一部電腦傳到另一部，網路上的其他員工也會接收到。因此，你不妨把這種媒介當作電子網路上的員工論壇，你在這裡受質問，也在這裡答覆問題。作答時請力求簡明扼要，然後你的答覆將有助於員工逐漸將心思往我們所盼望的方向集中。

我每天大約花兩個鐘頭閱讀和回應從全球各地傳來的信息。一般說來，我不會一口氣讀完它們，但我總盡可能做到今日事今日畢，不把該處理的信息留到第二天。透過這種方式，我發覺，我可以非常有效率地把自己的想法、反應、成見和偏好傳送出去。

同樣重要的，是電子郵件接踵而至，讓我有機會了解一大票人的想法、反應、成見和偏好。透過這種方式，有更多的卡珊德拉會從遙遠的邊緣為我帶來各種消息。我看到更多爭執，聽到更多工作上的閒話和流言。有時，告訴我有關消息的甚至是不曾見過的人。即便有那麼一座建築物，把全體英特爾員工都裝進去，而我有辦法穿行於各個走廊與房間，我也不可能聽到這麼多事。過去所謂「管理之事，有賴於到處走動」的做法，現在已相當程度地被電子媒介取代了：你不用走動，你只需讓手指頭在電腦鍵盤上遊動。今天，英特爾已發展到全球各地，我即使耗費全部時間，也不可能走遍我們分布世界各個角落的六十餘座建築。因此，電子媒介更顯得加倍重要了。

許多時候，管理階層會利用閉路電視或錄影帶傳達新的策略指令。這似乎是合理的辦法，而且能輕易做到。但是，這樣做的效果是非常有限的。在這種單向媒介裡，我們看不到互動，看不到有來有往，更看不到有人提出「這是否表示……」的問題。假使你的員工沒有機會在面對面交換意見的場合，或透過電子互動的方式，質疑、檢驗你的想法，你所傳送出去的信息將非常可能變成空話。採取互動的方式，把自己暴露在員工面前，和他們討論策略轉變，確實不是一樁容易的事。但這是絕對必要的。請不要畏難，只選容易的事情來做。

適應新環境

高登・摩爾那席「英特爾半數主管必須在五年內適應軟體行業」的話，確實是個於事實有據的見解。每一家面臨某種十倍速力量挑戰的公司，也都會遇到類似的情況。簡言之，要改變一家公司，就必須改變該公司的管理階層。我不是說，現有主管一定要撤換，他們只能打包回家。我是說，他們每一個人本身都必須改變，變得更能配合新環境的要求。為此，他們可能得重返校園，擔任新的職務，或外放到國外某個據點去磨練。總之，當公司打算邁向一個全新的世界，他們就必須自我調整。如果他們做不到或不願意做到，他們就只好被換掉，由更能適應新世界的人取而代之。

就英特爾的例子來說，果然如高登所言，管理階層循著他指出的方向大幅更張。不錯，我們有些主管離開了，由公司內部背景更符合新要求的人取代。但我們大部分人都學會了一些新的能力。譬如說，前面提過，我自己就投入大量時間，去了解個人電腦產業裡軟體公司的經營策略，並和他們的主管建立關係。另有一些人則雖然保有原來職銜，卻擔任起新的任務。有些人甚至降級承擔層次較低的工作，從經驗中學習更符合新方向需求的技能，在磨練中成長，然後再升級返回管理階層。在英特爾，這種情形不算罕見，所以，在公司往新的方向邁進時，我們的主管頗能接受以這種方式學習新技能。

英特爾當然不是唯一能夠如此自我調適的公司。有一家公司，歷經五十多年的考驗，總能夠一次又一次順應新方向的需求，調整自己的體質；那就是惠普。我有幸曾經看到他們是怎麼運作的。惠普電腦一向使用自己設計的微處理器。幾年前，惠普決定，他們未來的微處理器將採用英特爾的科技。這表示，以前他們使用獨家的微處理器，未來他們賴以製造電腦的，卻將逐漸轉換為競爭對手也能取得的微處理器。

對惠普來說，這是至為深刻的變化。他們一定是經過一番艱苦的掙扎，才做出這個決定。在我們和他們一起舉行的幾次會議上，我看過他們是如何進行討論的。對於他們討論問題的方式，即使只是瞥了一眼，我已感受到，何以惠普能夠締造如此輝煌的紀錄，順利通過多次轉型的考驗。他們的討論過程是理性的，看不到有人訴諸強硬態度；進行緩慢，卻持續穩定地往前推進，絕不會在原地繞圈子。

有時，管理階層可能有人已經明白，他們的公司必須改走截然不同的新方向，卻無法讓公司其他人接受這個見解。我看過一支錄影帶，蘋果公司從一九八三年到一九九三年的執行長史卡利（John Sculley），在哈佛商學院的一次研討會中表示，他工作生涯裡犯過的兩個最嚴重的錯誤，一個是沒有改造蘋果的軟體，讓它們配合英特爾的微處理器；另一個是沒有修改蘋果革命性的雷射印表機的設計，讓它們也能配合蘋果電腦之外的ＰＣ。聽到這番話，我不禁目瞪口呆。仔細揣摩史卡利話中的意思，我覺得，他了解水平式產業結構的意義，只是他不夠堅強，無法克服蘋果公司的「成功的慣性」——蘋果畢竟已有十五年歷史，而且百分之百是一家成功的垂直式電腦公司。

王安公司是另一個值得玩味的例子。在創始人王安博士的領導下，這家公司已經歷一次極嚴苛的轉型考驗，從一家桌上型計算機廠商，成功地變成分散式文字處理系統（distributed word processing system）的開路先鋒。王博士了解這些科技，對公司也有絕對的影響力。對公司而言，他的夢想就是律法；而他的夢想通常都是正確的先見之明。但是，到了一九八九年，當ＰＣ革命的聲勢已不容忽視，王博士病倒了。沒有他以強硬手腕掌舵，又沒有任何高階主管能夠插手進來，釐清在這個變遷的時代裡，公司的新定位，於是，王安公司迷失了它的策略方向。這一次，它沒有通過轉型的考驗，結果只能依據破產法第十一條宣告破產，結束營業。②

蘋果和王安為什麼不能「駕馭混亂」，轉敗為勝呢？

凡是成功度過策略轉折點的公司，似乎在「由上而下」與「由下而上」的行動之間，都維持極為恰當的辯證關係。中階幹部由於工作的性質，一有改變的風潮出現，總是第一個嗅到那異樣的空氣；他們位於邊緣，所以最先察覺變化（請記住，雪總是從邊緣開始融化）。因此，他們能夠很早就了解情況，由下而上展開行動。但是，也是由於工作的性質，他們只能影響局部的事情：生產規劃經理可以左右晶圓產能的分配，卻無法影響行銷策略。他們由下而上的行動，必須「在半途」與高階主管由上而下的行動遇合，才能全面發生效果。高階主管雖然經常未能及早察覺改變的風潮，一旦決意奔向新的方向，卻可以影響整個公司的策略。

在一家公司裡，由下而上的行動和由上而下的行動如果一樣有力，似乎就比較容易產生最理想的結果。

這一點，可以下面的矩陣（**圖表十三**）來說明。最理想的狀況，就是右上角的那個象限——由上而下的行動強，由下而上的行動也強，兩者力量大致維持平衡。

---

②譯按：依據美國破產法第十一條訴請宣告破產時，債權人得組成委員會，研討債務人償還部份債務的可行辦法。

圖表 13　動態辯證

由上而下的行動 ＼ 由下而上的行動	弱	強
強	王安公司 （由王博士領導）	惠普
弱	王安公司 （沒有王博士領導）	蘋果 （史卡利擔任執行長期間）

動態辯證

如果你們的行動充滿活力，如果高階主管能夠在適當時機或者任混亂宰制全局，或者對混亂加以監管，這樣的「辯證法」便可能創造令人歆羨的成就。高階主管稍微放手之時，由下而上的行動就活躍起來，往混亂走去：進行各種實驗，嘗試不同的產品策略，把公司帶往多元的方向。經過這番創造性的混亂，有一個方向逐漸清晰起來了。這時，高階主管就應介入，監管混亂。彷彿鐘擺，於適當時機擺盪於這兩種類型的行動之間，是我們穿越策略轉型期的最佳途徑。

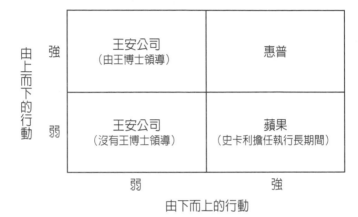

這種動態辯證，理應是任何公司的必備條件。帶領一個公司穿越死亡之谷的智慧，不可能只存在最高主管的腦袋裡。假使高階主管是公司傳統的產物，他們的思考方式恐怕是依據舊規則形塑而成的；假使他們是從外頭新聘進來的，他們很可能無法了解新方向持續演變的微妙之處。無論哪一種情況，他們必須倚賴中階幹部。然而，引領公司的重責大任也不能完全訴諸中階幹部的判斷力。他們或許了解具體細節，直接面對現實世界，但他們的經驗局限於某個專業領域，他們的視野是局部的，未能綜覽全公司的處境。

我自己是經過一番艱辛，才了解這一點。在一九八〇年代中期的危機之前，英特爾的決策過程完全採由下而上的方式。中階幹部負責準備各自領域的策略計畫，然後在所有細節都必須觸及的冗長會議上，向聚集在那裡的高階主管說明他們的想法、策略、需求和計畫。這些會議簡直完全是單向的——所有的工作都由中階幹部承擔，大部分時間都是他們在講話。我們高階主管則只是坐在桌子的另一邊，偶爾問一些問題，指出他們推論上不合邏輯之處，以及資料上不一致的地方。但是，我們的質問大部分其實只是挑剔一些細節，無關宏旨，根本未觸及策略方向的問題。

只要英特爾的最高整體策略沒有變，仍是超前競爭對手，生產容量更大、性能更好的半導體，這樣的會議確實也有其功效：無關最高策略，只是充實具體細節，譬如我們應該發展什麼科技，如何發展，用這些科技生產怎樣的產品等等。

然而，一旦我們身不由己地滑進本書第五章所描述的策略轉折點，這套運作方式無能處理重大變化的缺點便暴露無遺。「別的先甭提，我們在記憶體行業裡到底有沒有機會？」對負責記憶體產品的中階幹部而言，這是個大問題，我們怎能期待他們回答呢？「英特爾繼續把最好的科技資源放在陷入困境的記憶體生意，而讓新興的微處理器事業一直得不到足夠的支援，到底對不對？」這個根本問題，我們似乎也不應該期待微處理器部門的主管提出。在這個時候，高階主管就必須介入，推動一些強硬的變革措施。事實上，到最後，迫於赤字倍增的危機，我們也這樣做了。也就是在這個時候，我們發覺，一定有更好的方式來形成策略。

中階幹部專業素養較深，但視野較窄；高階主管視野較廣，有助於廓清局勢。我們所需要的正是兩者之間的平衡互動。兩者之間的辯證，經常會導致激烈的知性論辯，可能很傷人。但通過這樣的論辯，死亡之谷另一端的形貌將會提早變得清晰起來，我們毅然決然往這個方向邁進的行動也較可能成功。

一個組織的文化，如果能夠妥善處理自由爭辯（混亂作主）和果斷行動（駕馭混亂）這兩個階段，就會是一個有活力，善於適應環境的組織。

歸納起來，這樣的組織有兩個特質：

一、它容忍，甚至鼓勵爭辯。這論辯是激烈的，旨在探索各種議題；這論辯不分職等級別，而且各種不同背景的人都應參與。

二、它能夠做出明確的決定，也能夠接受明確的決定，而全體成員都會予以支持。

較諸其他團體，具備這些特質的組織更有能力面對策略轉折點。

這樣的公司文化，聽起來非常合理，令人心動；但是，實際上，在這樣的環境裡處理事務未必容易。萬一你才剛加入這個環境沒多久，還不熟悉鐘擺擺盪的微妙變化，你的處境將會特別困難。若干年前，英特爾試圖在管理階層增加具備電腦專業知識的人才，便從外頭新聘一位非常優秀的經理人，出任高階主管。他似乎很快就在公司裡站穩了腳步，也很欣賞公司同仁之間有來有往，互相回饋的作風，並努力地根據他的理解，依循公司的運作方式辦事。但是，這種運作模式之所以有效的本質，他終究沒有掌握到。

有一次，他組成一個特別小組，賦予研討某個問題，提出建議案的任務。這位主管其實一早就知道自己要什麼，但他沒有提示小組成員往這個方向研究（他事實上大可以這樣做），而刻意採取由下而上的決策方式，期待小組成員研究出他想要的結論。結果小組做出完全相反的建議案，他覺得自己被坑了。最後，他不得已提出自己的方案，以高姿態要求小組成員接受。然而，小組已經耗費了好幾個月的時間，辛苦備嘗地研究這個問題，對自己的想法也已經非常堅持，這位主管根本不可能叫他們聽命行事。待到最後這個階段，他的指令似乎已經完全變成獨斷、專橫的命令了。我們公司文化的運作方式，當然無法接受。這位主管遂陷入困境，想不通自己在哪個地方犯了錯。

死亡之谷的另一端

許多公司都已通過策略轉折點的考驗，不但倖存，而且競爭力旺盛，事業蒸蒸日上。他們戰勝了死亡之谷的挑戰，出谷以後的體質比入谷之初壯碩。

主要由於電腦事業經營得法，惠普已成長為營業額高達三百億美元的公司，在個人電腦業界僅次於ＩＢＭ。

經營策略改以微處理器為中心以後，英特爾變成全球最大的半導體廠商。接著，在克服 Pentium 處理器缺陷的危機之後，英特爾已比過去更強大，也更了解客戶的需求。

NeXT 不但得以倖存，在轉型為軟體公司以後，對電腦業有卓著的貢獻。

ＡＴ＆Ｔ及各地區貝爾公司都日益茁壯，生意興旺，市場總值數倍於ＡＴ＆Ｔ解體之前。

新加坡港和西雅圖港業務興隆，蒸蒸日上。

華納兄弟（Warner Brothers）電影製片廠趁著有聲科技的風潮，力求上進，成為一家大型傳播公司。

死亡之谷的另一端代表了新的產業秩序。這新秩序的形貌，在轉型之前是難以想像的。對於那片未知領域的地形，在遭遇之前，任何公司的高階主管恐怕都多所不知，遑論擁有一份心靈地圖。為了穿越策略轉折點，你必須忍受一段時期的困惑、實驗與混亂；接著有一段時期，你必須專心致志，全力往新方向邁進，追求那初時猶朦朧模糊的目標。你必須耐心聽取卡珊德拉們的意見，刻意鼓勵論辯，並持續不斷地設法釐清新方向——一開始那可能只是試探性的構思，經過幾次重複釐清，將會越來越清晰。你還必須承受人員「傷亡」或更換的可能。不是所有的人都能夠在戰鬥之後存活，而存活下來的人，必然已經不是他們原來的樣子；這個事實，你也必須接受。

穿越策略轉折點，穿越死亡之谷，無疑是任何公司所必須承擔的任務中，最艱苦、可怕的一個。但是，當十倍速力量降臨，我們只能選擇接受改變；要不，我們只能毫無選擇地步向不可避免的衰亡之路。

9 擁有網路基因

WWW將帶動我們的基因升級

——「網際網路是信號？還是雜訊？威脅？或是有前景？」

網際網路真的如此值得重視嗎？
會不會只是一時風潮？
我認為它確實值得重視。任何事，
只要能夠影響年收入以千億美元計的產業，
都是大事。對英特爾而言，
這是一個策略轉折點嗎？
影響我們公司競爭力的諸多力量本身，
會受到十倍速因素衝擊嗎？

就在我著手撰寫本書的時候，網景（Netscape）公司成為股票上市公司。我知道這家公司，也認為他們很有潛力，前程似錦。但是，在公開上市的第一天，它的股票就飛快上漲，而且後勢持續上揚，這著實叫我大驚。網景股票以如此不可思議的速度升值，我實在找不到明顯的合理解釋。這絕不只是一家前途看好的公司，為持續增加的投資人所發掘而已。這個現象，必然還有其他的意義。

網景的成立，與演進中的網際網路（現常稱互聯網）關係密切，不可分割。當我們看到，其他以網際網路為基礎的公司，也繼網景之後，在股市迭創佳績，就應當明白，投資大眾所感興趣的不只是網景；實際上，網際網路本身正是令他們如此亢奮的原因。

新聞界的表現，當然不會落後股市太遠。於是，報刊雜誌上，有關的專題報導與特寫長篇累牘地出現。這些文章，經常刻意營造一種新舊秩序、新舊勢力互相對抗的氣氛。新勢力便是在網際網路上經營其事業的軟體公司，以網景為典型（昇陽〔Sun〕公司是另一個常被提及的代表）；舊勢力則是業已地盤穩固的公司，以微軟為代表。

看來有些事正在成形，有些事正在改變……

網際網路到底是什麼東西

有些讀者可能還不很清楚網際網路是什麼東西，卻不好意思開口問人。現在，就讓我們先略作說明。簡言之，所謂網際網路，便是彼此連結的電腦網路。假定你身在美國加州，有一部個人電腦，只要與網際網路連上線，你就可以和同樣與網際網路連上線的任何其他電腦交換資料——無論其他電腦是位於加州，還是紐約、德國或香港。

導致網際網路出現的工程，始於六〇年代末期，若干大型研究用電腦在美國政府的倡議與資助下，互相連結，嘗試構成網路。當時的想法，是為了萬一

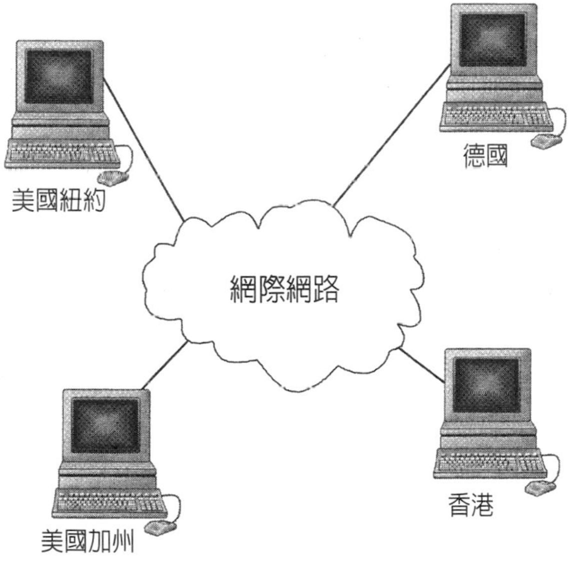

核爆毀壞平常的電話通訊基本設施，還有另一種通訊管道可用。然後，其他電腦也開始紛紛加入網路。當人們繼續建立各種大學網路、公司網路、政府機構網路，並將它們連上先前已互相連結的其他網路，網際網路就不斷成長、擴大。人們之所以如此積極建立網路，是因為他們知道，越多電腦互相連結，連上網路就越有用處。網際網路上所有電腦互相連結的網路，我總喜歡把它想成一種「連網合作住宅」（connection co-op）。

建立這個「連網合作住宅」的一個重要工作，是確立連網的規則。任何新建立的網路，只要遵循這些規則，就可以輕易連上先前已經存在的網路。依我想來，在十九世紀，鐵道網絡也是循著類似方式演進的。當時如雨後春筍，先後成立的許多鐵路公司，必須先就共同的鐵道規格達成協議，然後任何環道或支線，便都可以連上遍布全美的鐵道網絡。如此一來，任何車廂即使從加州開到堪薩斯州，需要經過屬於不同公司的路段，也可以一路暢行無阻。同樣地，今天，加州任何一部電腦所建立的資料，都可以暢行於若干線路之上，穿越許多不同網路的「疆界」，到達位於堪薩斯州的目的地——另一部電腦。換言之，網際網路為電腦資料提供了全球通用的軌道規格。

電腦網路互相連結，並持續成長，形成今天的面貌，歷時已數十年。最初，這個網路不過是政府機構與大學研究人員之間互相溝通的管道，成長速度並不快。但後來，網際網路與另一個現象發生關係：個人電腦紛紛互相連結，形成區域網路（local area network，通常縮寫作ＬＡＮ）。

地區網路之所以形成，乃是各公司行號與其他機構的ＰＣ數量急遽增加的結果，原本與網際網路無關。一開始，ＰＣ只用來執行個人的工作。但漸漸地，這些組織裡的電腦開始互相連結，以便共用一部昂貴的印表機。後來，連結的目的增加了一項：交換資料、檔案及郵件。一旦個別組織裡數量龐大的個人電腦，都透過他們自己的地區網路連結起來，人們便想到，他們的區域網路也可以連上網際網路。如此一來，個別公司的網路便成為「連網合作住宅」的一部分。這時，原始網際網路的日益成長，以及連網ＰＣ的大量增加，這兩個發展便會合了。由於個別組織的區域網路相繼加入，網際網路的成長速度便急遽加快了。

成長速度加快，參與網際網路的人類別也日趨多樣化。一開始，參與網路的是在大學裡做研究的人，他們藉此傳送自己的研究、報告和資料。後來，數以萬計的個人電腦用戶連線，參加了「連網合作住宅」，網際網路變成個人電腦用戶與其他ＰＣ用戶聯繫的途徑。

這麼複雜的網路，怎麼會如此毫無節制地成長？原因無他，正因為這是個「連網合作住宅」。每個用戶加強了自己的網路，也就強化了全體網路。就像在一棟合作住宅裡，只要住在裡面的每個人為了自己而努力，就等於為全部的人好。

同時，網際網路的運作方式本身，也是其載運容量得以不斷擴張的原因。網際網路初誕生之時，其設計原理便是利用大量不同路徑，利用長途電話線來傳送資料；萬一某個路徑受阻或不能運作，系統自己便會自動找到另一個路徑。網際網路的做法，是把一長串的資料切割成一小塊一小塊（稱為「封包」），因為「小塊」資料比較容易被流過的「位元之流」吸收。如此，毋需增加投資，網路的容量即自然擴張。這種情況，從下面這個比方，應該可以想像一二：欲在最後一刻運送一群遊客上路，一大群人很難訂到團體機票，要到一大區位子，大家坐在一塊兒；但單獨的乘客通常能上機，因為零星的空位好找。航空公司也許還願意打個折扣賣出機票，因為他們也不想有位子空著就起飛。在網際網路上，「小塊」資料就像零星乘客，坐在長途電話線裡原本可能會空著的位子上，充分利用未用完的空間。這種傳輸方法，將現有電話網路的功能發揮到了極致。

另外還有兩個現象，更促成網際網路的發展。其一，個人電腦不斷改善升級，成為多媒體電腦，足以處理彩色圖像、聲音、照片，甚至影像。其二，歐洲核子研究組織CERN的一位研究員，提姆．伯納斯－李（Tim Berners-Lee），開發出一種連結電腦間資料的方法，讓電腦使用者很容易便可與其他電腦連線，傳送或接收資料。在電腦視窗裡某個特別標示的字串，就說是某個公司的名稱好了，你用滑鼠點一下，整個網際網路就連接起來，凡是含有該公司資訊的電腦全部等著你一一檢視。網際網路裡，結合了伯納斯－李的方法與彩色圖像的部分，便是「全球資訊網」。

對電腦用戶來說，隨便一台PC，不管在誰桌上，竟然可以成為一扇窗，開向全世界幾百萬台電腦，這簡直有如神蹟！不但如此，那幾百萬台電腦的資料，可以用彩色圖像、照片來呈現，甚至已初步可以用聲音與影像來補充，這神蹟未免太誘惑人了。

總結來說，這項奇蹟之所以誕生，乃四股力量會合後共同促成的：一、相連的網路持續進展、擴張。二、為數眾多的地區網路個人電腦用戶，只要依照普世通用的「規格」，便可以與更大的網路連結。三、個人電腦普遍多媒體化。四、伯納斯－李的方法。若干個化學元素混合，一旦元素配對了，所形成的混合物就會自動燃燒爆炸。同理，這四股力量一結合，點燃了大眾對網際網路的興趣。但是，這場爆炸只是曇花一現，空自熱鬧一場，還是標示了一場長久變化的開端？

我寫本書時，英特爾半年一次的策略討論會正要舉行。我負責向與會者說明我眼中的外在環境，並提醒大家注意某些意義重大的改變。去年一年裡最大的變化，我覺得便是網際網路。

但光是如此感覺並不夠。我還必須思考：它對英特爾來說，是十倍速力量嗎？若是，我們該如何因應？

光彩奪目的新媒體

我思考了一段時間，認為當前這全世界電腦連結的現象影響深遠，不少產業將受到衝擊。

網際網路既是一項通訊科技，那麼電信通訊業當然會受影響。但那會是十倍速的衝擊嗎？這個問題，只要考慮一下利用電話線路傳送信息的成本，即不難回答。「小塊」資料透過網際網路傳送的科技，對現有電話設施的利用顯然更見效率，費用也比一般電話來得便宜。換句話說，較諸傳統電話，網際網路是一種成本效益更高，更符合商品市場需求的通訊媒介。

隨著越來越多從前以電話傳送的信息，轉換成以電腦處理的資料，網際網路所造成的影響越大。試想：手拿一份文件，讀給電話彼端的人聽，較諸將這份文件直接傳真給對方，何者成本效益高？網際網路即有點兒類似傳真，傳送的資訊越多，使用的時間越短，成本效益越高。這一切都表示，電話公司的收入將因而減少。

然而，網際網路也為電話公司帶來新的商業契機。藉此，電話公司可以進一步善用他們耗費鉅額資金所建立的基礎設施。長途電話公司因而面臨兩難：擁抱網際網路，抑或躲開它？

可以這麼說，對電信通訊業而言，網際網路有好處也有壞處。光看眼前，網際網路日漸蓬勃，帶來的威脅不小；若長遠來想，聲光並茂，圖像豐富的資料，勢必吸引更多人使用網際網路，這便意味著新的生意。如果就網際網路對電信通訊業的影響，做成一份「資產負債表」，其結果應該如**圖表十四**所示。

網際網路對軟體業者的潛在影響，同樣不容小覷。網際網路是軟體流通的絕佳方式——想想看，在網際網路上流動的一切，不外就是「一束束」的位元；而軟體正是「一束束」的位元。今天，軟體業者配銷軟體的方式，是將那一束束位元放進磁片或

圖表 14　網際網路對電信通訊業的正負面影響

正面影響	負面影響
1. 帶來新的數位資料傳輸業務	1. 傳統電話技術恐將為數位資料傳輸所取代（後者較不易造成傳送路徑擁擠）
2. 基礎設施的再利用	2. 電信通訊恐有商品化之虞
3. 聲音、影像、圖像乃是龐大的資料量（更多的通訊量）	

光碟，再把磁片或光碟裝進五顏六色的卡紙盒，放在零售店展售架上，彷彿那是一盒一盒的洗衣粉或麥片。

不過，構成一個文字處理軟體或電腦遊戲程式的位元，同樣可以用成本效益較高的網際網路來傳送。位元既然能夠從一部電腦流向另一部電腦，我們也就能夠抓取某個軟體（即便是位元數量龐大的軟體），移動放至另一台電腦，甚至另一百萬台電腦。不用包裝，無需貨架，不勞中間商，整個銷售流程顯然變得更有效率，而升級或修正之輕鬆，自不在話下。

想想那些軟體零售商，賣的是五彩紙盒包著的位元，靠著進出貨建立起生意。若站在他們的立場來看，網際網路所帶來的衝擊，可不就像當年沃爾瑪商場式平價超市興起，對小鎮零售商造成的影響？這確實是十倍速的力量。

另一個現象也攸關軟體業者的發展：網際網路提供了一個全新的地基，供軟體發揮。這片地基根本不在乎連結在網際網路上的電腦有何特性，反正地基就是地基，任何電腦都行得通。如果來日為這片地基而打造的軟體如雨後春筍般出現，那會不會像虹吸作用一樣，從英特爾及靠我們的產品而立業的電腦製造商、軟體開發業者，吸走大筆大筆的生意？這會不會對他們和我們，帶來十倍速的衝擊？

也許，但故事還沒有結束。所有的傳媒公司也漸漸捲入這個漩渦中。過去幾年來，幾乎所有傳媒公司，包括時代華納、Viacoms 等，都成立了「新媒體」部門，大做實驗，而其中許多實驗現在均把重心放在全球資訊網（WWW）上。美國東西兩岸近年來紛紛冒出一些新公司，為那些想建立自己網址的企業服務。當然，這些企業最想了解的，是究竟有多少人上網去看他們的東西。

連廣告商也來參一腳了。這下子，可能來了一個大金主，大過電信業和個人電腦業此前所曾遇過的任何金主。據估計，全球一九九五年在廣告上花了大約三千四百五十億美元，而這些錢目前是花在報紙、雜誌、廣播電台與電視上。從大客戶如通用汽車、可口可樂和耐吉等流出來的廣告費，全流向了傳統媒體，而無一分一毫跑進電信業和個人電腦業的口袋。如今這種情況恐怕要改變了。

如果就全球資訊網興起之前與之後的不同情況，畫一份產業結構圖，大約如**圖表十五**所示。

這份圖表指出一點：網際網路，或者精確地說，全球資訊網，是另一種可以考慮的廣告媒介，讓通用、可口可樂、耐吉等廣告業主，向他們的顧客傳達訊息。全球資訊網若要大幅發揮其廣告功能，就必須真正做到所謂的「光彩奪目」，然後原本從報章雜誌和廣播電視獲得廠商訊息的消費者，才會轉而注意全球資訊網上的展示。如果這招明顯奏效，對新舊產業來說，都是大事。舊產業，即報紙、雜誌、廣播和電視，將因此少了銀子；新產業，即提供連網服務的行業、維持並促進全球資訊網的公司、電腦製造商，則將賺進一些錢。新產業的利之所在，顯然恰是舊產業的弊之所在。

在這種情形發生以前，如方才所言，先要把許多顆「眼珠子」從傳統媒體前面奪走。網際網路上的資訊，必須做得像傳統媒體的節目一樣吸引人。已有許多人正在實驗各種科技，想把電腦螢幕弄得更生動、鮮活：在螢幕上呈現 3D 影像；讓觀者所見的影像能隨著目光移動，彷彿他正遊走於一個房間裡；加入高品質的聲音和影片，

圖表 15

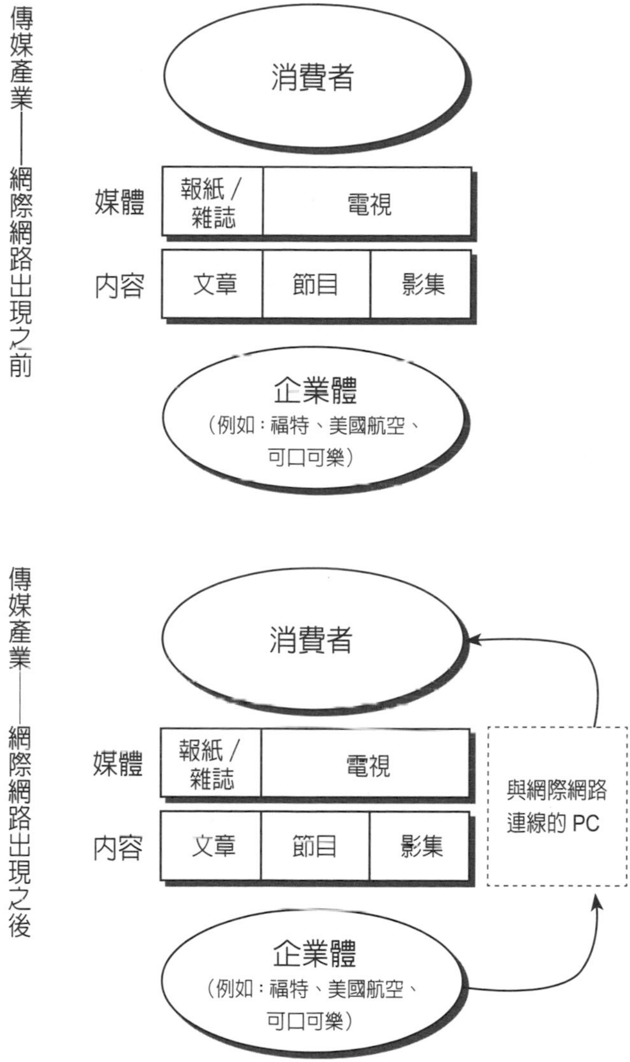
傳媒產業——網際網路出現之前
消費者
媒體
報紙／雜誌
電視
內容
文章
節目
影集
企業體
（例如：福特、美國航空、可口可樂）
傳媒產業——網際網路出現之後
消費者
媒體
報紙／雜誌
電視
內容
文章
節目
影集
與網際網路連線的 PC
企業體
（例如：福特、美國航空、可口可樂）

讓內容更豐富。有了這些改進，當可把全球資訊網上的資訊處理得漂漂亮亮，差不多像電視看起來的感覺，或甚至更好。從幾年來的情形觀之，PC的年產量似有可能在一兩年內便超過電視的年產量。一旦如此，則更可以推測，與網際網路連線的個人電腦，大有取代電視之勢。

傳媒產業的規模那麼大，新加入的玩家自能獲得龐大利益。當然，傳統媒體則難免遭受莫大損失——除非市場變大，消費人口增加，於是無論新舊媒體，人人都有好處。我們極可能目睹新媒體產業誕生，而它的降臨，確確實實代表了一個十倍速變化！

我們怎麼辦？

在即將召開的策略討論會上，對英特爾所處的經營環境提出評估之前，我得考慮很多因素。顯而易見地，如果連成網路的電腦形成新媒體產業的基礎，對英特爾將是絕佳的正面影響。八〇年代，個人工作產能增進，帶動電腦業的成長；九〇年代，個人使用者追求資訊共享，繼續促進電腦業的成長。如今，如果電腦能成為傳遞商業訊息的媒介，我們這一行將可望在未來十年持續成長。如何變成這樣一個媒介？首先，所傳遞的內容必須生動活潑，物體影像得是3D的，充滿聲光。處理構成這些聲光與影像效果的大量位元，當然需要威力強大的微處理器——對英特爾來說，這當然是絕妙佳音。

但是（永遠有但是），假如適用於網際網路上的軟體，能在任何微處理器上執行，那麼我們將平添許多競爭對手——即便目前他們無法與我們競爭，因為他們製造的晶片不能執行現今PC用戶常用的軟體。一旦如此，我們的產品將成為眾多可互相替代的商品之一。而這可不是我們面臨的唯一威脅。

有些業界人士四處鼓吹生產「網路電器」（Internet appliance）的主張。所謂「網路電器」，指的是配備簡單、價格低廉的電腦，必須與網際網路上某個大的中央電腦連結，把資料儲存在那兒，也在那兒執行大量的數字運算工作；同時，電腦用戶需要什麼軟體或資料，也仰賴中央電腦傳輸。這種主張的基本想法是：如此一來，重大工作全部委由網路上的大電腦在「幕後」執行，用戶不必像目前的電腦使用者一樣，了解那麼多。只需要較簡單的、較便宜的微晶片，便可以製造這種網路電器，這豈不會損及英特爾的利益？

但是，這種主張牽涉到幾個問題。最重要的一個問題：這種設計，就技術上而言，可行嗎？也許可能，但這種設備的功能恐怕極其有限。基本上，你騙不了電腦發展的「自然律」。便宜的晶片通常速度慢；便宜而簡單的晶片很難做出好東西，遑論吸引力十足，「光彩奪目」。當然，你可以用很低的成本，做出二十五年前流行的那種電視，但是消費者不要昨天的產品，不論電視或電腦。他們要低價，但不要過時的科技。

還有一樁問題值得重視。一九九五年，業界大約賣出六千萬台個人電腦。消費者為了什麼而買？我認為他們大都是為了兩大用途：第一，使用自己的資料和應用軟體；第二，或者經由電話系統，或者經由某企業的網路，與其他人共用資料。網際網路則提供了第三種可能用途：資料與應用軟體儲存在他處的電腦上，那電腦是別人的，而資料也是他所擁有的（「他」可以是個人，也可以是一個組織），但任何人皆可透過這種又普及又便宜的連線系統，進入其中，加以利用。

這第三種用途，現在聽來都還很新奇，未來則可能帶來更大的好處，但它能取代上述的第一和第二種用途嗎？我認為不能，反而會形成三足鼎立的局面。個人電腦好就好在這一點，它的彈性很大，這三種用途都能承擔。只能勝任其中一種用途的電腦，較之於一台什麼都應付自如的電腦，當然遜色。

我一路準備著會議要用的報告，發覺該整理出另一份「資產負債表」，以便仔細考量網際網路對英特爾的種種利弊得失（**圖表十六**）。

威脅乎？前景乎？

這份表格究竟可以歸納出什麼意義？在回答之前，我們先看一個基本問題：網際網路真的如此值得重視嗎？會不會只是一時風潮？

我認為它**確實**值得重視。任何事，只要能夠影響年收入以千億美元計的產業，都是大事。

對英特爾而言，這是一個策略轉折點嗎？影響我們公司競爭力的諸多力量本身，會受到十倍速因素衝擊嗎？

審視這個圖表，我想，我們的客戶和供應商都不致受到太大影響。用「銀子彈測試」來測一測吧。網際網路會造就出更有吸引力的標的物嗎？我的直覺說：不會。當然會有新的公司登上舞台，但最多只是扮演協力業者的角色。我當然不至於拿銀子彈去幹掉一位協力業者，何況那可能還是個有助於提升我們能力的協力業者。

圖表 16　網際網路對英特爾的正負面影響

正面影響	負面影響
1. 更多應用軟體	1. 微處理器商品化
2. 連線費用低廉	2. 多數功能仰賴中央電腦
3. 軟體配銷費用降低	3. 網路電器可能只用得上廉價的微處理器
4. 媒體事業打開大門，亟需強力微處理器	

我們的「同路夥伴」名單會改變嗎？會的，因為有些公司過去曾是我們對手的協力業者，現在，他們生產的軟體既能用在其他電腦，也能用在配裝了英特爾微處理器的電腦。這麼一來，他們也將成為我們的協力業者了。此外，新公司如雨後春筍冒出，抓住隨網際網路而來的各種機會。創造力不斷成長，資金相繼湧入，有很多還是在為我們的晶片設計新的工具軟體。所以，與我們同行的人數目漸增，但我們不至於失去舊友。

那我們英特爾自己的人呢？會不會與時勢脫節而被淘汰出局？放心，應該不至於。我們裡頭有很多人，看著網際網路從研發的紙上談兵階段，進展到打入大眾市場；他們具備研究的能力，同時也以使用者的身分來認識網際網路。有了他們，英特爾可以說是擁有網路科技的「基因」了。

我們自己步伐一致嗎？言行如一嗎？我們在全球資訊網上勤於溝通，把英特爾的訊息宣揚開來；我們與網路科技的主要業者保持密切聯繫；我們甚至去找那些主張發展「網路電器」的人來談。看來沒有策略失調的問題。不過，身為公司執行長，我大有可能是最後一個才知道，策略其實已經失調。

以上所述，皆顯示網際網路對英特爾來說並不是策略轉折點。然而，儘管從幾個典型的角度來分析之後，我認為它不是；把所有的變化加總以後觀之，我內心深處卻以為，此種排山倒海的力量無疑預示了策略轉折點的到來。

因應之道

各種因素加加減減的結果，正多於負，我認為，網際網路所展現的美好前景，當會超過所帶來的威脅。不過，如果只是眼睜睜看著事情發生，我們未必能掌握良機。我既在這「我們」裡面，當然必須問：我能做什麼改變？

我決定，在環境評估報告中，將一半以上的篇幅拿來談網際網路。做決定簡單，但要面對同事說出自己不會臉紅的話，可沒那麼容易。看來我得學一學，讀讀書。手邊所有可讀的材料，我全看了。我上全球資訊網去找相關網址，細讀裡面的內容；看競爭對手的東西，也看稀奇古怪的東西。我去其他公司參觀，乍看似是我們敵人的公司也去——他們致力於開發意圖取代ＰＣ的「網路電器」。我還向公司內部人員請益，看看ＰＣ與網際網路結合能做些什麼。

心中的概念逐漸清晰，我把報告整理出來，講給約四十位高階主管聽。有的高階主管知道的網際網路相關課題比我多，有的則不甚了了。而對於我的報告，評價不一。有謂：「這是你最棒的策略分析報告」。有謂：「你幹嘛浪費時間在網際網路上？」但有一點我做到了：管理階層平常的討論重心，明顯轉移了。

關於網際網路，似乎有那麼一絲尷尬氣氛。大家表現出某種姿態，其實知道得很少。熟悉網際網路，已變成一種必備的文化素養，反而讓許多人不好意思開口，問最根本的問題。我猜，很多人對網際網路的認識其實是非常表面的。於是，我們安排了實際操作的課程，好讓高階主管和業務人員來上，讓他們了解全球資訊網的現況，希望他們一點一點建立起對網際網路的認識，而不必當面指出他們一竅不通。

必須承認，我自己也只是粗通皮毛。不過，隨著認識日漸加深，我益發相信，人力資源、電話與網路、網際網路三者，將在未來數年內**共同**驅策我們前進。我也同時相信，媒體與廣告業是我們的機會。

欲充分利用這些資源，其實我們也要克服若干困難。首先，我們的「基因」結構必須升級，好跟得上新環境。其次，增加了一大票協力業者，總得認識一番，培養關係，摸索合作之道：從未合作過的軟體公司，還在升級的電信業者，想學習我們技術的廣告與媒體公司，以及從來不知電腦世界為何物，如今猛然醒悟，知道必須及早開始的廣告業主。

我們有沒有時間，有沒有精力，扮演好這個更複雜的角色？我們受的訓練夠嗎？也許我們該好好重新思考整個企業的結構，加以調整，以便扮演好這個角色，而不至於受到內部太多感情糾葛的影響。畢竟這樣的變局，關乎上千員工的生計。他們應該要知道，過去做得好好的公司何以要改變。

英特爾的經營根據三項最高策略目標，第一項與微處理器有關，第二項指導傳播部門，第三項關乎運作方式與計畫執行情況。如今，我們加了第四項，把凡是能促進我們與網際網路連結的事物，扼要地表達出來。其實，我們爭執了一番才加上這第四項目標。有人認為，我們這些與網際網路有關的做法，大可置於原來的三項目標之下。我不以為然。與網際網路相關的策略若能挑出來，提升至與公司原本最高策略指導原則同樣的地位，等於明白告訴全公司，這是重大事項。

好了，我們到此打住。

噢，最後一點。萬一那些對便宜的「網路電器」有信心的人對了，怎麼辦？網路電器確實有可能讓時間往回走，儘管過去二、三十年來的趨勢，是大電腦崩解，小電腦成長。我不相信網際網路會違背這個趨勢。不過，我的「基因」正是在過去這二、三十年形成的，而且我極可能是最後才知道的那個傢伙。

我想，英特爾還得再跨出一步，以便面對未來。而且應該現在就跨出，趁我們在市場上的氣勢正盛。我們應該組成一個工作小組，研發以英特爾微晶片為元件最棒的低價網路電器。讓這支隊伍攪亂我們的策略，讓他們當我們的卡珊德拉，讓他們來告訴我們，這項任務可不可能達成，我現在以為是雜訊的會不會竟是信號，警告著：事情改變了。

10 職涯轉折點的啟示

警覺環境變動，主動出擊

——「因為環境變動形成的職涯轉折點，不會區別受其力量所裁汰人員的素質。」

每個人，不管是受雇員工，還是自力營生，都像是一份個人事業。你的職場生涯可說就是你的事業，而你是它的執行長。就像大公司的執行長，你必須回應市場的力量、抵擋競爭對手、利用互補因素，並且留意你正在做的事，是不是有可能以不同的方式去做。保護你的職場生涯不受傷害，以及自我定位，從經營環境的變動中得利，是你的責任。

一九九八年，我卸下在英特爾擔任十一年的執行長職務。這麼做，是正常接班程序的一部分。我一向認為，為接班做好準備，是經理人職責的一部分，而且經常表達這個理念。現在，我不能光說不練，不做我期望別人去做的事。

多年來，英特爾的董事會為我的可能接班人，日益形成共識。我們經常討論這個選擇，因此，這些年來，將我們屬意的人選，調動到責任日益加重的職務上。我的現狀異動，普遍為人預期，不管是在公司內部，還是外部。我繼續擔任董事長，每天上班，並且參與和以前相同的許多活動。但是我知道，這將有所不同，而且這個不同會與日俱增。

職場生涯是會改變的，而這算是溫和的改變，來得也溫和。但這仍然讓我想起我們周遭每一年發生的千百萬次職涯改變，其中一些像我那麼自然，但是更多是發生在逆境之中。不妨想想：根據統計數字，一九九八年會見到價值數兆美元的合併與收購活動。這數兆美元，表示將改變的企業結構，雇用的員工也許高達一百萬人。

今天，還有其他一些力量在進一步改變工作環境。我在第九章談到的網際網路浪潮，不斷成長且加快速度，日益影響許多公司執行業務的方式。它摧毀了現有的經營方法，並且創造出新的方法。這個過程中，許多工作有不保之虞。

一九九八年，亞洲經濟的衝力從快速向前急轉直下。這些國家對新產品和服務的需求，促進了全球各地的經濟成長。但是亞洲經濟體突然失速下墜，帶來的變動掀起的餘波盪漾，影響到亞洲和世界其他地方的人們不計其數的職場生涯。

如果環境的變動會引發企業的策略轉折點，那麼對那些公司員工的職場生涯，顯然也會製造更大的轉折點。

不只環境的變動會使個人的職場生涯突然陷入劇變。渴望不同的生活風格，或者在多年的高壓工作之後，慢慢感到身心俱疲，都會促使人們重新評估自己的需求和想望，而且能夠匯為一股力量，和來自外部環境的任何力量一樣強大。換句話說，你內心的想法和感覺機制，和身為員工所處的外部情況，一樣是環境的一部分。任何一方的重大變化，都能影響你的工作生活。

企業因應大變動的方式，是否有任何啟示，能夠用到個人的職場生涯上？

你的職場生涯就是你的事業

我長久以來認為，每個人，不管是受雇員工，還是自力營生，都像是一份個人事業。你的職場生涯可說就是你的事業，而你是它的執行長。就像大公司的執行長，你必須回應市場的力量、抵擋競爭對手、利用互補因素，並且留意你正在做的事，是不是有可能以不同的方式去做。保護你的職場生涯不受傷害，以及自我定位，從經營環境的變動中得利，是你的責任。

隨著環境狀況不可避免會發生變動，這份**一人事業**的軌跡，會畫出一道似曾相識的曲線，然後走到一翻兩瞪眼的一點，執行長，也就是**你**，採取的行動，會決定你的職場生涯是往上彈升，還是加速墜落。換句話說，你面對了**職涯轉折點**。

就像策略轉折點標誌著企業的危機點，在來自經營環境隱微但重大變異的職涯轉折點，你採取的因應行動，會決定職場生涯的未來。雖然那些行動不見得會使你的職場生涯戛然而止，它們的衝擊卻會釋出力量，早晚會產生持久顯著的影響。我們談過，策略轉折點反映公司生命水深火熱的時刻，但是度過艱困期間的努力，分散到一個群體的所有成員身上。職涯轉折點對個人來說較為沉重，因為每一件事都落在他或她的肩上。

職涯轉折點十分常見。我想起一個故事。事情發生在本書第一次出版時，來訪問我的一位商業新聞記者身上。這個人本來受雇在銀行做事，工作愉快，表現良好，直到有一天，他上班時才得知雇主已經被另一家更大的銀行收購。轉眼之間，他失業了。他決定轉變職場生涯，當證券經紀人。他曉得必須付出學費。雖然他嫻熟金融事務，但銀行從業人員的技能，不同於證券經紀人所要求的技能。所以他去證券經紀人學校上課，最後以完全合格的證券經紀人身分開始工作。

有一陣子，一切順遂，未來看起來相當美好。但是在我們見面之前不久，線上經紀公司開始出現。這個人的幾位客戶離他而去，寧可在成本低廉的線上公司進行買賣。這是不祥之兆。

這一次，這個人決定先下手為強。他早就對文字工作懷有興趣，也有那個天分。他根據自己先前在銀行學到，後來當證券營業員所強化的金融知識，找到了商業新聞記者的工作。收入雖然比不上從前，卻比較不可能被科技取代。我們見面時，他的職場生涯蒸蒸日上。這次轉型，沒有那麼傷痛，主要是因為他騰出時間，主動採取行動，而不像上一次，是外在環境的變動突然加在他身上。

因應策略轉折點所涉及的許多要素，在這裡也發生作用。最重要──和最困難的──是留意環境的變動。當你在組織內部工作，你往往會受到庇護，不受外在世界發生的許多事情影響，可是那些事情攸關你所在公司的健全與否。當你得到這份工作，即使內心深處曉得它不可能是你餘生會做的事，你還是很可能默默將個人福祉的責任丟給雇主。但是一不注意公司經營的環境，就像大型組織的執行長，你也可能最後才獲知潛在的變動，而這會衝擊你的職場生涯。

你要如何避開這種事？

心理上的消防演習

將你的警報系統轉到更能警戒像你的事業中的那種潛在轉折點。進行心理上的消防演習，以預判當你的手真的被火燒到要怎麼辦。簡單的說，對於你的職場生涯，要帶點偏執狂的警覺。

設身處地，想像你是一家大公司的執行長。你必須敞開心胸，接納外部的看法和刺激。閱讀報紙。注意業界的研討會。和其他公司的同行建立人脈網。你可能在變動蔚為一股趨勢之前，就耳聞可能和你有關的一些傳言。打開耳朵，傾聽同行和朋友的閒聊。

一家公司中，站在第一線的員工，是非常有用的災禍預言家（也就是本書前述的卡珊德拉），因為他們能夠率先察覺潛在的變動，並將策略轉折點的早期警訊帶給執行長。至於職涯轉折點，卡珊德拉可能是關心你的朋友或家人，他們在不同的產業或競爭環境中工作，並且推論出你還沒察覺到的變動風向。也許他們已經在一波變動中翻滾，而那波變動就要向你席捲而來。也或許他們已經在自己的產業中經歷職涯轉折點，有一些心得可以和你分享，即使他們的工作性質和你不一樣。

當不同的來源——報紙、故事、業界八卦和公司中的流言——以及你的卡珊德拉們，都彼此強化，那麼這就是坐直身子，豎起耳朵，注意風吹草動的時刻。

把你自己放到畫面中。問問自己一連串的問題：

- 這些傳聞是否指出變動可能會以某種方式影響你？
- 一個重要的變動，會如何在你的處境中現身？
- 你會從公司那種經常性的商業資訊管道，得知這些變動嗎？
- 你能從公司的財務績效，預測像這樣的變動正向你席捲而來嗎？
- 你能將你關切的事情，上報給主管嗎？
- 如果你受到這種變動的影響，你會做什麼事？

- 貴公司受到業界變動影響的可能性如何？
- 那些業界變動會對貴公司造成一時的挫敗，還是更長遠的業界結構重整的先聲？兩者的差別很重要，因為貴公司能從前者翻身，對你的職場生涯沒有影響；但是後者可能帶來持久的衝擊。
- 考慮源自其他產業的發展，可能對你的工作如何產生連鎖效應。當新的機器和新的電腦系統進到公司，它能夠改變貴部門的工作方式嗎？你擁有的技能，用這種新技術做事，會和以前一樣好嗎？你有信心去學習新的工作方式嗎？如果不然，你該怎麼辦？
- 或許貴公司的業務正被競爭同業蠶食。這意味著什麼？你的工作性質可能正確，卻效力於錯誤的雇主？或者整個產業正在位移？問這些問題和回答它們很重要，因為你用於解決問題的措施，會隨著情況而改變。如果你的雇主正敗給另一家公司，那麼你可以繼續運用你的技能，只要設法從一艘沉沒中的船，跳到另一艘更有可能成功駛過競爭之海的船。另一方面，當產業從根本發生變動，而你不改變自己擁有的技能，那麼不管是在贏家公司，還是在輸家公司，你都會失敗。這種情況真的可以歸類為職涯轉折點。

職涯轉折點的存在，最好是和具同理心的夥伴展開嚴謹的論辯，並加以分析。你需要培養不斷質疑本身工作狀況的好習慣。檢視你日常工作所依據的默而不宣的假設，你會磨銳自己認清和分析變動的能力。換句話說，養成習慣，**和你自己**在內心論辯你的工作環境。

時機就是一切

和企業的策略轉折點一樣，成功度過職涯轉折點有賴於時機感。你是否嗅到某件事可能即將改變的預兆？你是否已經研判變動就要來到，並且為此做好準備？或者，你是等到訊號清楚得不可否認才採取行動？

真要說有什麼區別的話，因應職涯轉折點的階段，比起影響一家公司的轉折點，帶有更多情緒的成分。這沒什麼好奇怪的；畢竟你可能已經投下許多，職場生涯才走到目前的地步。更重要的是，你已經投入希望，期盼在職場生涯的軌跡能夠更上一層樓。當跡象顯示這條曲線轉而向下，你會全心全意否定如此的情況。

你往往會忍不住相信：由於你個人的能力特別出色，將可望置身於變動之外。你會想：「這可能發生在別人身上，絕對不會是我。」這種自高自大相當危險。這等同於「成功的慣性」讓表現優異的公司吃盡苦頭。因為環境變動形成的職涯轉折點，不會區別受其力量所裁汰人員的素質。

歷史給了我們許多例子。在十九世紀初的英國，織布機的使用日增，織出來的布遠比傳統手工織布便宜許多，導致一整群工匠，不管是高手，還是技術平庸的織布工人，都失去了他們獨立過活的生計，被迫在磨坊當非技術性勞工。汽車崛起，使得馬具製造商，不管好壞，全部歇業。今天小型農戶面對農業複合企業的競爭，拚死拚活維持他們的經濟生存能力。沒有人能夠自外於這些環境的變動，不管他或她覺得自己的技術能力有多強，以及如何不可能受到傷害。

否定可以來自完全不同的來源。如果你在職場生涯上非常成功，成功的慣性可能使你無法看清危險。如果你只是在那裡混口飯吃，擔心變動和擔心失去你已經取得的任何東西，可能導致你不願意承認眼前的狀況。不管何者，否定都會使你拖延時間，以致錯過在轉折點或接近轉折點的最佳時刻採取行動。

就像管理企業，很少有人早早就更換職場生涯的跑道。當你往後回顧，大部分時候，你但願自己能夠更早改變。事實上，在現有工作的舒適窩中，也就是事情仍然順遂的時候，所做的改變，遠比你的職場生涯開始走下坡，才來做相同的改變，較不那麼痛苦。

此外，如果你是第一批利用職涯轉折點的人，你可能發現，可以在你的新活動中挑到最好的機會。簡單的說，早起的鳥兒有蟲吃；晚起的鳥兒就只好吃殘羹剩飯。

為改變做最好的準備

從很早就察覺預兆到職涯轉折點之間的期間，十分寶貴。就像運動員為比賽而鍛鍊自己，保持在最佳的狀態，這是你可以用來為改變保持最佳狀態的時間。想像你自己在扮演不同的角色。好好讀一讀這些角色在做什麼事。和已經扮演那些角色的人談一談。問自己和他們有關的問題。和自己對話，談談你有多適合那些角色。訓練你的大腦，為將來的大改變做準備。

實驗是為改變做準備的關鍵方式。前面提到的那位銀行從業人員／證券經紀人，在他仍然受雇為證券經紀人的時候，就開始轉型到商業新聞記者那一行。這可以達成幾個目的。他在放棄主要的收入來源之前，重拾寫作技能、測試將來的改變是否可行和務實，並和可能的業務來源接洽。這麼做，他驗證了如果全心全力投入文字工作，可以合情合理靠它維生。

實驗可以有不同的形式。以本例來說，可以當作兼差的第二份工作。也可以半工半讀重回學校。或者可以要求現在的雇主指派你完全不同的新職務。所有這些，都是為你的職場生涯探索新方向的方式，並且為職涯轉折點做好準備。

在你做實驗的時候，應避免隨興而作。不要盲目採取行動，往一些方向走，因為它們唯一的共同特色，可能只是不同於你目前所做的事。依你對加之於你身上的變動特質之知識及了解，引導你自己；依這種方式，實驗會將你推往不受那些變動衝擊的方向。尋找允許你在更能置身於你所察覺的變動浪潮之外，運用你的知識或技能的職務（更好的做法是：尋找一開始就能善用變動，發揮所長的工作。順勢而為，不要挺身力抗）。

在你開始穿越相當於職場生涯的死亡之谷前，將你想要達成的事視覺化，是非常重要的一件事。問問自己另一組問題：

- 你認為貴產業未來兩三年的性質會是什麼樣子？

- 你會想成為這種產業的一員嗎？
- 你的雇主是否立於很好的位置，能在這個產業取得成功？
- 在這個新地景，你需要擁有什麼技能，才能推進你的職場生涯？
- 是否有個人可以作為角色典範，現在即已擁有你想要取得的職場生涯？

請記住我在第八章談到的事。那時我們的董事長高登．摩爾發表談話說，如果我們要從半導體公司轉變為微處理器公司，產生的影響會是一半的管理階層將必須成為軟體人員。那樣的觀察，捕捉了這家公司運作中的策略轉變精髓，進而會使相當多的人陷入職涯轉折點，包括我自己在內。但就算不是角色典範，這也給了我們一個概念，曉得我們將必須學習什麼，以及我們將必須如何改變。

就像和自己對話，有助於釐清職涯轉折點的存在，針對你將一頭栽進的未來之性質，持續不斷的對話，將有助於聚焦你所做的努力，並且允許你以許多前後一致的小步驟，往前邁進，而不是任憑外在世界強迫你跨出激烈的一大步。

有兩件事將協助你走過職場生涯之谷：清晰和信心。**清晰**是指你對職場生涯的走向，抱持真實有形且精準明確的看法：知道你希望自己的職場生涯會是什麼，以及知道你希望自己的職場生涯**不會**是什麼。**信心**是指你決定走過這條職場生涯之谷，從另一端出來時擔任的職務，符合你決定要有的標準。

當一家公司跨越涉及策略轉折點航向的死亡之谷，執行長有必要描述新產業地圖的清晰願景，並且領導組織走過這條山谷。身為你本身職場生涯的執行長，你將必須自己提出願景和承諾。兩者都是艱難的工作。經由與自己的對話，決定清晰的方向，以及午夜醒來，滿懷疑慮的時候，保持信心，兩者都是很難的事。可是你沒有選擇。不採取行動的話，你的處境會是外在世界採取行動，強加於你身上。

身為單一個人，你只有一個職場生涯。你在職涯轉折點取得成功的最好機會，是全心全力去控制它，而且毫不動搖。

你必須下定決心保持堅強，認清需要一段時間，你才能重建自己的職場生涯支持系統、經驗和信心，回到從前的相同水準。你會失去的一部分支持系統，是雇主給你的身分——一個品牌。不管你是跳槽到另一家公司，還是自己出來單打獨鬥，都必須放棄一個身分，另外建立新身分。這需要花費心力和時間，而且肯定會考驗你的勇氣。但它也會給你獨立感和自信心，幫助你因應下一個不可避免的職涯轉折點。

一個新世界

走過職涯轉折點，不是容易的過程。這個過程有許多危險。它需要動用你所有最好的資源。它需要你去了解那個你想要成為其中一員的新世界、需要你決心掌控自己的職場生涯、需要你能調整自己的技能去適應那個新世界，以及需要你在因應變動所帶來的恐懼和焦慮時，懷有堅定的信念。

這有點像是移民到一個新國家。你打包好行李，離開你熟悉的環境。你懂那裡的語言、文化、人民，而且你能預測那裡會發生什麼事，不管好壞。你來到一塊新土地，面對新的習慣、新的語言，以及新的一組危險和不確定性。

在像這樣的時刻，我們可能忍不住想要回頭看，但這是極為不智的行為，結果將適得其反。不要感嘆過去的事物，它們不會再回到原來的面貌。將你的每一分心力，都投入於適應你的新世界、投入於學習你在其中繁榮壯大需要的技能，以及形塑你周邊的環境。舊土地只能給你有限的機會，或者根本沒有機會可言，新土地則讓你有個未來，它給的獎賞，值得你去冒所有的風險。

謝辭

寫這本書的構想，源自兩段經歷。首先是根據我在英特爾擔任的管理職務。這段期間，我歷經許多次的策略轉折點。其次，過去五年，我在史丹佛大學商學院共同開授一門課程，教策略管理。我透過學生的眼光，重溫自己的一些經歷，以及其他人的經歷。第一段有如管理變革的一種體內課程；第二段則是體外課程。

因此，我要感謝身邊一起共事的人：我在英特爾的經理人同事，以及我在史丹佛的學生。特別感謝共同授課老師羅伯．博格曼（Robert Burgelman），除了指導我如何教個案教學，也幫助我理清和擴大個人的許多想法。

在雙日出版社（Doubleday）的哈莉葉．魯賓（Harriet Rubin）找我，並且說服我相信應該這麼做之前，我沒想過要寫一本書談這個主題。她對這個主題的了解、堅持文筆清晰明瞭，以及對基本理念的闡釋，非常有助於本書的撰寫。

也要謝謝羅伯．西格爾（Robert Siegel）持續不斷努力，幫我列舉的許多例子，找來源參考資料、本書附註的參考文獻，並以他吹毛求疵的眼光，挑出不計其數的錯誤和前後矛盾之處。

最要感謝的是凱瑟琳．弗雷德曼（Catherine Fredman），在將大綱化為一本書的整個冗長過程中協助我。她對我所寫主題的了解、能夠跟上我的思緒，以及不可思議的組織能力，彌足珍貴。助益特別大的是，她對個人職場生涯和企業策略之間的相關性，提出寶貴的見解。而且，她的幽默感，協助我繞過許多坑坑洞洞。

最後——當然不是最不重要的——我要感謝內人艾娃（Eva）。她身兼雙職，在身旁支持我，度過數十寒暑的人生方向變動。其中有些相當巨大，能夠翻天覆地。接著在我重溫本書提到的一些事件時，再次支持我。她甚至協助確保了我的文筆清晰明瞭。

國家圖書館出版品預行編目(CIP)資料

10倍速時代：唯偏執狂得以倖存　英特爾傳奇CEO安迪・葛洛夫的經營哲學／安迪・葛洛夫（Andrew S. Grove）著；王平原，羅耀宗譯.
-- 二版. -- 臺北市 : 大塊文化, 2017.08
面；14.8x20 公分. -- (touch ; 1)
譯自 : Only the paranoid survive : how to exploit the crisis points that challenge every company
ISBN 978-986-213-804-5(平裝)

1.策略規劃 2.組織管理 3.組織再造

494.2　　106010411

LOCUS

LOCUS